1. 意大利蜂王　　　5. 中华蜜蜂
2. 卡尼鄂拉蜂王　　6. 浆蜂蜂王
3. 高加索蜂王　　　7. 中蜜一号
4. 东北黑蜂

1. 单箱排列
2. 环形排列
3. 主副群饲养
4. 双箱排列

1. 蜂箱、隔王板、巢框等　　　4. 置顶饲喂器

2. 郎式标准箱（加继箱）　　　5. 内置脱粉器

3. 全塑蜂箱外观　　　　　　　6. 巢础

1. 弦式分蜜机　　　4. 蜂王产卵控制器
2. 辐射式分蜜机　　5. 格子巢蜜
3. 塑料采胶器　　　6. 大块巢蜜

蜜蜂
养殖实用技术

MIFENG YANGZHI SHIYONG JISHU

方兵兵　主编

中国科学技术出版社
·北 京·

图书在版编目（CIP）数据

蜜蜂养殖实用技术 / 方兵兵主编 . —北京：
中国科学技术出版社，2018.1
ISBN 978-7-5046-7817-1

I. ①蜜… II. ①方… III. ①蜜蜂－饲养管理
IV. ① S894

中国版本图书馆 CIP 数据核字（2017）第 278551 号

策划编辑	王绍昱	
责任编辑	王绍昱	
装帧设计	中文天地	
责任校对	焦　宁	
责任印制	徐　飞	

出　　版	中国科学技术出版社	
发　　行	中国科学技术出版社发行部	
地　　址	北京市海淀区中关村南大街16号	
邮　　编	100081	
发行电话	010–62173865	
传　　真	010–62173081	
网　　址	http://www.cspbooks.com.cn	

开　　本	889mm×1194mm　1/32
字　　数	102千字
印　　张	5.625
彩　　页	4
版　　次	2018年1月第1版
印　　次	2018年1月第1次印刷
印　　刷	北京威远印刷有限公司
书　　号	ISBN 978-7-5046-7817-1 / S·694
定　　价	25.00元

本书编委会

主　编

方兵兵

副主编

刘世丽　李文艳

编写人员

方兵兵　李文艳

刘世丽　李瑞珍

黄少华　刘朋飞　霍　伟

$\mathcal{C}$ontents 目 录

第一章
蜜蜂经济价值和饲养前景

养蜂业对我国的经济贡献巨大，集经济效益、社会效益和生态效益于一体，对推进劳动力转移、城镇就业、提高农民收入、增加财政税收、提高农作物产量和品质以及维持生态平衡具有重要意义。我国是世界第一养蜂大国，也是蜂产品生产、出口大国，我国的蜂产品产量自1992年开始已经连续20多年居世界首位。有研究表明，蜜蜂在欧洲最有价值的家养动物中排名第三位，其在畜牧业的经济地位仅次于牛和猪，因此发展蜂业也是推进农业现代化的重要组成部分。

一、蜜蜂经济价值

（一）蜂业生产带动农民增收致富

蜂业生产不与粮棉争地，不占用稀缺的土地资源，不消耗能源，不产生污染，能以较小的投资产生较快的效益，有百利而无一害。蜂业生产不要求很高的条件，生产成本低，农民购买少量蜂群就可进行生产，是提高农民收入的途径之一。通常，养蜂创业初期需要一定的投资，饲养 1 箱蜜蜂只需要投资数百元即可。蜜源丰富地区，掌握一定技能的养蜂者，从业后一般当年就可收回投资甚至盈利。中国蜂业发展战略研究组曾报道，四川省相关部门进行了比较，一般年景，1 个小转地饲养 50 箱蜜蜂的蜂场年纯收入与饲养 200 头生猪猪场的纯收入相当。饲养 50 箱蜂只需 1～2 个壮劳动力，而饲养 200 头生猪则至少需要 4 个壮劳动力。湖北省曾对省内 22 个长途转地蜂场进行过调查，结果显示，一般年景，养蜂生产投入产出比为 1∶5，丰收年景可达 1∶9.5，大概是一般年景的 1 倍。通常养蜂 10 年之中，丰收年景大约有 4 年，一般年景有 4 年，不好的年景只有 2 年。在不好的年景，基本上也不会亏本。

据联合国粮农组织（FAO）统计，世界蜂群数量从 2004 年的 7 408.93 万群增长到 2013 年的 8 105.56 万群，我国的蜂群数量从新中国成立时期的 50 万群发展到 2013 年的 890 万群（表 1-1）。蜂业生产能为人类供给营养丰富、具有医疗保健价值的蜂产品，如蜂蜜、蜂王浆、蜂花粉、蜂胶、蜂蜡等，蜂蜜是我国蜂产品中的第一大主要产品，蜂王浆是我国第二大主要蜂产品。近年来，我国的蜂蜜年产量呈逐年上升趋势，从 2000 年的 24.6 万吨增长到 2015 年的 47.73 万吨；自 2008 年开始，蜂蜜年产量均超过 40 万吨（图 1-1）。蜂花粉年产量在 4 000～5 000 吨；毛胶年产量在 400 吨左右。我国是世界蜂王浆第一生产大国，年产量在 3 000 吨左右，世界上 90% 以上的蜂王浆来自中国。

表 1-1 我国各年蜂群数量（万群）和蜂蜜产量（万吨）

年 份	2004	2005	2006	2007	2008	2009
蜂群数量	800	825	840	850	870	875
蜂蜜产量	29.32	29.32	33.26	35.35	40	40.15
年 份	2010	2011	2012	2013	2014	2015
蜂群数量	880	885	887	890	908	–
蜂蜜产量	40.12	43.12	44.84	45.03	46.82	47.73

数据来源：FAO 及国家统计局

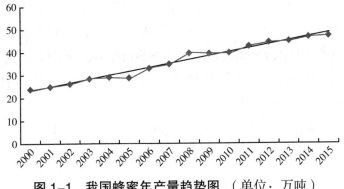

图 1-1 我国蜂蜜年产量趋势图 （单位：万吨）

（二）蜜蜂授粉促进农业增产提质

蜂业生产一方面能为人类提供蜂产品，另一方面，蜜蜂在采集花粉和花蜜的同时也完成了为植物传花授粉的任务，提高了被授粉农作物的产量和品质。蜜蜂为农作物授粉创造的经济效益、生态效益实际远远大于生产蜂产品本身。在现代化农业生产中，缺少了蜜蜂和其他授粉昆虫的授粉，果蔬、虫媒作物的产量和品质将会降低，不利于生态农业的健康发展。有学者通过研究蜜蜂授粉与农业生产的关系，评估出 2006—2008 年间，我国 36 种主要授粉农作物蜜蜂授粉的经济价值。结果表明：蜜蜂授粉显著促进了我国农业生产。2006—2008 年，蜜蜂授粉对我国 36 种农作物的经济贡献年均达到 3 042.2 亿元，占 36 种作物总产值的 34.25%，相当于全国农业总产值的 12.3%，是 2008 年我国养蜂业总产值的 76 倍（2008 年我国养蜂业总产值为 40 亿元）。其中，苹果蜜蜂授粉的经济价值最高，为 631.08 亿元，占 36 种作物蜜蜂授粉总价值的 20.74%；其次是棉花、梨和西瓜，蜜蜂授粉的经济价值分别为 458.36 亿元、361.12 亿元和 223.12 亿元，占 36 种作物蜜蜂授粉总价值的比例分别为 15.07%、11.87% 和 7.33%。此外，番茄、油菜、柑橘类、水稻、桃等作物蜜蜂授粉的价值也很大。农业生产对蜜蜂授粉的需求很大，可将蜜蜂授粉看作一种重要的生产资料，2008 年仅果树、蔬菜、棉花等作物需要授粉蜂群的数量就达 6 000 万～8 795 万群。

经过在山东、黑龙江、四川、云南、浙江、江西等省推广蜜蜂授粉增产措施，使棉花、油菜、荞麦、苹果、柑橘、向日葵、苕子等增产 23%～70%，其品质显著改善，所产生的经济效益和生态效益是蜂产品经济效益的百倍。不仅在我国，世界各地的农业生产都依赖蜜蜂等昆虫授粉。2009 年，Gallai 分析了蜜蜂等昆虫授粉在世界农业生产过程中发挥的作用（表 1-2）。结果表明：中东亚地区农作物对昆虫授粉的依赖程度最高，蜜蜂等昆虫授粉产生的经济价值为 9.3 亿欧元，占中东亚地区农业总产值的 15%；中亚地区蜜蜂等昆虫授粉产生的经济价值为 1.7 亿欧元，占该地区农业总产值的 14%；北非、西非、东亚、欧洲和北美等地蜜蜂授粉产生的价值占所在地区农业总产值的 10%～12%；中非、南非、大洋洲、南亚、东南亚、南美和中美等地蜜蜂授粉产生的价值占农业总产值的 6%～7%；东非地区农作物对蜜蜂等昆虫授粉的依赖程度最低，蜜蜂等昆虫授粉产生的价值为 0.9 亿欧元，占该地农业总产值的 5%。因此，我们应提高对蜜蜂授粉重要性的认识，推动蜜蜂授粉的产业化发展。

表 1-2　蜜蜂等传粉昆虫授粉对不同农作物生产的贡献

作物种类	平均价格（欧元/吨）	总产值（亿欧元）	授粉产生的经济价值（亿欧元）	授粉的贡献（%）
嗜好作物	1 225	19	7.0	36.8
坚果	1 269	13	4.2	31.0
水果	452	219	50.6	23.1
油料	385	240	39.0	16.3
蔬菜	468	418	50.9	12.2
豆类	515	24	1.0	4.3
香料	1 003	7	0.2	2.7
谷类	139	312	0.0	0.0

续表 1-2

作物种类	平均价格（欧元/吨）	总产值（亿欧元）	授粉产生的经济价值（亿欧元）	授粉的贡献（%）
糖　料	177	268	0.0	0.0
薯　类	137	98	0.0	0.0

数据来源：来自 "Economic valuation of the vulnerability of world agriculture confronted with pollinator decline"（Nicola Gallai，et al.，2009）

（三）蜂业生产促进区域经济发展

随着我国经济大环境的发展变化，我国的蜂业生产也进入了规模化、专业化发展的轨道，培育形成很多养蜂大省，成为当地的一项特色经济，蜂产品加工龙头企业的形成和发展对于带动劳动力就业，增加当地财政收入具有重要作用。蜂业科研机构通过与龙头企业合作，可以推动成果转化和技术推广，开发、提炼出符合市场需求、具有高附加值的蜂产品，如含蜂蜜、蜂花粉、蜂王浆、蜂蜡、蜂胶等的各类产品，生产蜂机具等，延长产业链，促进当地蜂产业特色集群的形成。

近年来，我国蜂产品加工业正向重点销售区域、原料生产区域、重要交通枢纽和物流集散地聚集，形成了长江中下游地区、东北、华北、珠江三角洲及新疆等的产业集聚区。其中，浙江是我国最大的蜂产品集散地，也是我国蜂蜜、蜂王浆主要出口地区之一，每年蜂王浆出口量约占我国出口量的50%以上。河南是我国最大的蜂蜡和蜂胶初加工基地之一，其年蜂蜡、蜂胶（以初加

工为主）加工量占我国加工总量的比例超过 70%。北京
是蜂产品加工业主要聚集区，也是我国最大的蜂产品消
费区之一，北京百花蜂业科技发展股份公司、北京中蜜
科技发展有限公司等多家蜂产品龙头企业集聚此区域。
作为我国主要的蜂蜜出口加工基地，安徽、湖北和山东
在 2013 年共出口蜂蜜 6.8 万吨，出口额 13 552.5 万美元。

　　浙江省蜜蜂饲养量、蜂产品产量、外贸出口数量和
蜂业产值连续 20 多年均位居全国前列，在我国养蜂业中
占有十分重要的位置，成为浙江省特色优势农业的一张
名片。浙江省拥有近 70 家蜂产品加工企业，其中年产值
亿元以上的企业有 5 家；浙江省年产蜂蜜 9.2 万吨，蜂
王浆 2 200 吨，蜂花粉 3 000 吨，外贸出口额达 4.5 亿元，
蜂业总产值达 40 亿元。2004 年，浙江省在全国率先开
展养蜂业风险救助工作，10 年来全省共有 1 500 多户蜂
农参加了省养蜂业风险救助，落实救助资金 600 多万元，
切实增强了蜂农抵御自然风险和市场风险的能力。

　　"十二五"以来，山东省蜂业综合生产能力大幅提
高，蜂产品产量不断增加，产品种类日益多样化，形成
了包括蜜蜂养殖、产品加工、机具生产、授粉应用等比
较完整的产业链。目前山东省有 5 292 户养蜂户，2 万余
名蜂业从业人员，蜂群存养量 40 多万群，有 153 个养
蜂合作社，1 600 多户社员，全省年销售额在千万元以
上的蜂产品加工企业达到 10 多家。立足全省各地地理
生态、蜜粉源植物的丰富程度、蜂产品企业分布及养蜂
生产状况，山东省蜂业形成养蜂生产、蜜蜂授粉、蜂产

品加工出口、优质蜜源四大优势区域。日照、潍坊、济南和枣庄 4 市的蜂产品企业相对集中，蜂蜜、蜂王浆年加工贸易量分别为 28 000 吨、400 吨，均占全省总量的 80% 以上。立足本区域雄厚的加工出口基础，辐射带动 8 个优质蜂产品生产基地，重点培育壮大 4 个蜂产品龙头企业。

二、蜜蜂饲养前景

（一）经济效益

1. 蜂业生产空间大　我国的蜂种资源和蜜粉源资源丰富。在蜂种资源方面，不仅有数量众多的意蜂、卡蜂等西方良种蜜蜂，还有自然形成的区域蜂种——东北黑蜂和新疆黑蜂，更有分布广泛、数以万计的野生中蜂，若将它们收捕回来，采用新法饲养，将产生很高的经济价值。再加上"中蜜 1 号"蜜蜂配套系的成功培育，丰富了我国蜜蜂品种资源结构，也将促进蜜蜂产业格局的优化和完善。在蜜粉源资源方面，我国可利用的蜜源植物种类多、面积大，现已探明可生产大宗商品蜜的主要蜜源就有 44 种以上。其中，作物类蜜源植物面积大约有 0.4 亿公顷，林木类及牧草类蜜源植物面积是作物类蜜源植物面积的数倍。这些蜜源资源如能充分利用，我国的蜂群数量及蜂蜜年产量将大大提高。

据估计，到 21 世纪 30 年代，我国的蜂群数量将接近1 200万群，蜂产品总产值将达到130亿～160亿元人民币，蜜蜂为农作物授粉所增加的产值将达到6 500亿～8 000亿元人民币，年销售额超过1亿元的蜂产品企业将达到30家。按我国蜜源的载蜂量计，以及需要授粉的果树、蔬菜、大田作物等，其生产总值和授粉价值将成数倍增长。随着蜂业科技的创新和生产水平的提高，我国蜂蜜、蜂花粉、蜂胶和蜂毒的产量将有很大的上升空间，蜂王浆的潜在产量将是目前的10倍以上，达4万吨左右；蜂王幼虫的产量将在1万吨左右，雄蜂蛹产量将在3万吨以上。

2. 蜂产品内销和外销空间大　以蜂蜜为例，2012年，我国国内蜂蜜消费量33.8万吨左右，人均消费量约200克。随着人们生活水平的提高和对蜂产品保健功效认识的加深，消费需求将朝个性化、差异化方向发展，蜂产品绿色、天然、健康的特色将更加彰显，需求空间和应用领域将进一步拓展，人均蜂产品消费量将不断增长，蜂产品的消费层次和消费结构也将逐渐改变，这为蜂产品的深度研发提供了机遇。专家预测，到2020年，我国蜂产品人均年消费量将会超过日本目前的水平，即达到人均年消费蜂蜜500克、蜂王浆50克，届时，每年需要内销蜂蜜60万吨，蜂王浆6 000吨。若以每群蜂年产蜂蜜30千克、蜂王浆3千克计算，则需饲养2 000多万群蜜蜂才能满足国内需求。所以，我国蜂产品消费市场潜力巨大。近年来，蜂产品的国际贸易出口额也在不断增长，今后一段时期将继续保持这种增长态势。

（二）社会效益

1. 蜜蜂授粉对农业发展及粮食安全的贡献　我国是农业大国，粮食安全事关国计民生，始终是我国社会经济发展中的首要问题。在农业生态系统中，农作物对授粉昆虫有很强的依赖性。蜜蜂等授粉昆虫对世界 35% 的作物生产产生影响，可较大幅度提高全世界 87 种主要粮食作物的产量和质量，在农作物、园艺、草业生产及很多纤维和块根作物的种子生产中也发挥重要作用。在粮食生产中，利用蜜蜂等授粉昆虫为农作物授粉是提高粮食单产的重要举措。授粉昆虫对蔬菜、水果生产等同样具有重要意义。因此，蜜蜂授粉对粮食安全及世界农业的发展将发挥越来越重要的作用。

2. 蜂业发展助力精准扶贫、精准脱贫　农村剩余劳动力的就业事关社会稳定和经济发展。蜜蜂养殖凭借其劳动强度不大和生产成本低等特点，可为留守家乡的老弱病残或者妇女提供就业机会，利于促进山区或者贫困地区农民的就业增收，助推国家精准扶贫战略的实施。到 21 世纪 30 年代，我国饲养的蜂群数估计将达到 1 200 万群，可解决约 40 万人的就业问题，将使 40 万户农民脱贫致富。目前，全国各地加大了蜂业科技的推广力度，针对蜂农的培训次数逐渐增多，培训内容丰富多样也更具有针对性，通过组织引导贫困户到养蜂基地培训，并给他们提供一些资金、生产资料等扶持，可以使他们比较容易学会养蜂并愿意持续从事养蜂业，蜂农的综合素质将不断提高，也有利于我国的社会主义文化建设。

3. 蜂疗增加社会福利和效益 蜂疗是以蜜蜂为基础，融蜂针、蜂产品、蜡疗、中草药于一体的综合性医疗保健手段。蜂疗对人体免疫、神经、内分泌等多种系统有良好的辅助调节作用，在治疗风湿性、类风湿性关节炎方面成效显著。蜂疗绿色环保、费用低，具有很高的医疗保健价值，能够提高机体免疫力，改善人民健康状况，从而增加社会福利和效益。

（三）生态效益

1. 蜂业发展有助于维护生态平衡 蜜蜂授粉对生态农业的建设意义重大。生态平衡的核心是植物，而蜜蜂是最理想、最重要的授粉昆虫。蜜蜂作为重要的生物因子，其作用是不可替代的。蜜蜂的生物授粉可有效调节植物的生殖生长和营养生长，大幅度提高农作物产量和品质，是建设生态农业不可或缺的一部分。生态环境的治理及修护与蜂业紧密相关。人工造林、退耕还林、生态林补偿、矿山修复等大型生态修复工程需要很大比例的蜜粉源植物，其能提高森林覆盖率，提供多样的林下经济产品，为蜂业生产提供丰富的蜜粉资源。

2. 蜜蜂文化产业与旅游业协同发展 近年来，我国的蜜蜂产业链条不断延伸，蜜蜂文化旅游观光悄然兴起，全国已建设几十个标准较高的蜜蜂博物馆。蜜蜂文化节、蜜蜂观光园、蜜蜂博物馆等为人类休闲旅游提供了丰富多样的选择，不断推出的与蜜蜂文化相关的活动吸引了大量游客，提高了当地蜂业旅游品牌的知名度，以蜜蜂文化促进旅游业的发展。通过弘扬蜜蜂文化，使公众加深对蜂产品生产过程、蜂产品功效、蜜蜂及蜜蜂产业对社会的贡献等的了解，提高全社会对蜂业的关注与重视，从而培育壮大消费群体。因此，行业要进一步拓宽蜜蜂文化产业，借鉴其他行业的发展模式，可以利用旅游景区特色生产优质蜂产品，带动当地蜂业的发展，这将促进人与人、人与自然的和谐，实现蜂业与旅游业的协同发展。

第二章
蜜蜂基础知识

蜜蜂在动物分类学属于节肢动物门、昆虫纲、膜翅目、蜜蜂总科、蜜蜂科、蜜蜂属。

目前，蜜蜂属公认的有9种：东方蜜蜂（*Apis cerana* Fabricius 1793）、西方蜜蜂（*Apis mellifera* Linnaeus 1758）、小蜜蜂（*Apis florea* Fabricius 1787）、黑小蜜蜂（*Apis andreniormis* Smith 1858）、大蜜蜂（排蜂，*Apis dorsata* Fabricius 1793）、黑大蜜蜂（岩蜂，*Apis laboriosa* Smith 1871）、沙巴蜂（*Apis koschevnikovi* Enderlein 1906）苏拉威西蜂（*Apis nigrocincta* Smith 1861）、绿努蜂（*Apis nuluensis* Tingek，Koeniger and Koeniger 1996）。我国分布有前6个种。我国的东方蜜蜂定名亚种是中华蜜蜂，简称为中蜂，学名为 *Apis cerana cerana* Fibricius。

蜜蜂属9个种中，目前被人类饲养的只有2个种，即西方蜜蜂和东方蜜蜂。其他7个种人工养殖均未获得成功，处于野生状态。我国目前人工饲养的意大利蜜蜂、卡尼鄂拉蜂、高加索蜂等，都属于西方蜜蜂种，是20世纪初从外国引进的蜜蜂品种。

一、家养蜜蜂种类

西方蜜蜂种：西方蜜蜂种群自然分布范围在欧洲、非洲和亚洲西部，约有 10 个地理亚种。目有只有 4 个亚种被人类饲养，即欧洲黑蜂、意大利蜂（简称"意蜂"）、卡尼鄂拉蜂（简称卡蜂）、高加索蜂。

东方蜜蜂种：东方蜜蜂种分布在亚洲中、东部，我国是主要分布区域。已划分的亚种有印度亚种、爪哇亚种、藏南亚种、海南亚种、马尔康亚种、中华亚种、日本亚种。

二、蜂群组成

蜜蜂是营群体生活的昆虫，一群蜂通常是由三种形态和职能不同的蜜蜂组成，由一只蜂王、上万只工蜂和数百只雄蜂组成。蜂群在越冬等个别情况下也可以没有雄蜂。一群蜂的大小取决于工蜂的数量，蜂种不同，蜂群的大小也不一样。意蜂的强群工蜂可达 5 万～6 万只，中蜂强群工蜂不过 3 万～4 万只。

蜂群具有各自独特的气味，各蜂群间有严格的群体界限。在自然状态下，工蜂具有排斥他群工蜂和蜂王的特性，蜂王之间也互不相处，只有当蜂群中蜂王衰老或伤残而培育出新蜂王，进行新老交替时，两蜂王才能和平相处。

（一）蜂群中的三型蜂

蜂群中三种不同类型的蜜蜂称为三型蜂。三型蜂有着不同的分工，但又相互依赖，保持群体在自然界里的生存和种族繁衍。

1. 蜂王 蜂王是蜂群中体长最长的蜜蜂，由产在王台里的受精卵发育而成，它是生殖器官发育健全的雌性蜂，能够产卵繁殖。西方蜜蜂蜂王发育的周期一般为16天，其中卵期为3天，未封盖幼虫期为5.5天，封盖期为7.5天；蜂王的寿命一般为3～5年，其产卵力和维持群势的能力通常1～1.5年最强，随其年龄的增长而逐渐减弱。为保持旺盛的产卵力和维持强群的能力，养蜂生产中一般每年更换1～2次蜂王。

处女王羽化出房后不久，就开始寻找其他处女王或王台，如果两个处女王同时出台相遇，它们就会展开一场生死搏斗，只留下一个强壮的处女王；对于其他王台，处女王会把它们咬破，用螫针刺死里面的蜂王蛹。处女王出房的最初几天，偶尔飞出巢外试飞认巢，6天性成熟，8～9天为交尾高峰期。处女王于晴暖午后飞出巢外进行交尾。最后一次交尾后1～2天开始产卵，此后蜂王专心产卵繁殖。

新蜂王产卵的最初几日，日产卵只有几十粒，随着日龄的增长，产卵量不断增多，2～18个月龄的蜂王产卵力最强。一只好的意蜂蜂王，群势6框蜂，气温20～25℃，蜜粉源充足的情况下，日产卵量可达1500～2000粒。一只中蜂蜂王日产卵量可达 700～1 300 粒。蜂王产卵时，其周围总有十数只工蜂护卵，工蜂不断地以蜂王浆饲喂蜂王。蜂王产卵前，先察看巢房，将头部伸进巢房观察几秒钟，如果这个巢房是完整干净的空巢房，它就往前移动一下，将背弓起，将腹部插入，产 1 粒卵，然后在巢房沿上转 180°，退出腹部，继续寻找巢房产卵。蜂王产卵一般从巢脾中央而稍偏巢门的巢房开始，螺旋形向四周延伸。它能在各个巢房准确地产卵，在工蜂房产下受精卵，雄蜂房产未受精卵。当蜂王衰老、受伤或蜂群壮大到需要分蜂时，蜂王才将受精卵产在王台基中，培养新的蜂王，从而完成蜂群的继续繁衍增殖。

2. 工蜂 是蜂群中最小的蜜蜂，是蜂群组成的主体，它的职能是饲喂幼虫、筑造巢房、清理巢内垃圾、安全防卫、酿造食物、采集花蜜、花粉、水、蜂胶和无机盐等。它是由蜂王产在工蜂房中的受精卵发育而成，是生殖器官发育不完全的雌性蜂。西方蜜蜂工蜂的卵期为 3 天，未封盖幼虫期为 6 天，封盖期为 12 天，共计 21 天。中蜂卵期为 3 天，未封盖幼虫期为 6 天，封盖期为 11 天，共计 20 天。工蜂的寿命一般为 40 天，未参加哺育和采集活动的越冬工蜂寿命可长达 4～5 个月。

3. 雄蜂 是蜂群中最粗壮的蜜蜂，它是由蜂王产在雄蜂房中的未受精卵发育而成的。西方蜜蜂雄蜂的发育卵期为 3 天，未封盖幼虫期 6.5 天，封盖期 14.5 天，共计 24 天。中蜂雄蜂的发育卵期为 3 天，未封盖幼虫期6.5 天，封盖期 13.5 天，共计 23 天。雄蜂寿命可长达

45～70天。

（二）蜜蜂的发育

蜜蜂是全变态昆虫，它的生长发育要经历卵、幼虫、蛹和成虫4个阶段。通常人们看到在空中飞翔的蜜蜂是其成虫。

1. 发育过程

（1）**卵**　呈乳白色，略透明，稍细的一端黏着于巢房底部，稍粗的一端朝向巢房口，卵经过3天发育孵化为幼虫。

（2）**幼虫**　虫体为白色，起初呈"C"形，随着虫体的长大，虫体伸直，头朝向巢房口。幼虫期由工蜂饲喂，由受精卵孵化成的雌性幼虫，如果在前3天饲喂少量蜂王浆，后3天饲喂加入花粉和蜂蜜的工蜂饲料，就发育成工蜂。同样的雌性幼虫，如果整个幼虫期被不间断地饲喂大量蜂王浆，就发育为蜂王。工蜂幼虫在巢房中生长到6日龄末，由工蜂对其封上蜡盖。封盖巢房内的幼虫吐丝作茧，然后化蛹。封盖的幼虫和蛹统称为封盖子，有大部分封盖子的巢脾叫作封盖子脾。

（3）**蛹**　蜜蜂在蛹期主要是进行内部器官分化，形成成蜂的各种器官。从外形上逐渐呈现出头、胸、腹三部分；触角、复眼、翅、足等附肢也显露出来。蛹的外表由白色逐步变为浅褐色，体表也逐渐硬化。发育成熟的蛹，羽化为幼蜂，咬破巢房封盖。

（4）**成蜂**　刚出房的蜜蜂表皮较软，体表的绒毛十分柔嫩，体色较浅。不久后表皮硬化，双翅伸展，体内各器官逐渐发育成熟。

2. 三型蜂的发育期 在蜜蜂的 4 个发育阶段，均要求有相应的生活条件，如适合个体发育的巢房，适宜的温度（32～35℃）和空气相对湿度（75%～90%），能得到经常的饲喂以及有足够的饲料等。在正常情况下，同种蜜蜂由卵发育至成蜂的发育期大体是一致的。如果巢温过高（超过 36.5℃），蜜蜂的发育期会缩短，导致发育不良，出现卷翅或中途死亡；如果巢温过低（32℃以下），蜜蜂发育期会推迟，还会受冻伤。

蜜蜂的发育期因蜂种、温度等条件的影响而有差异。以西方蜜蜂中的意蜂为例，蜂王、工蜂和雄蜂的发育期见表 2-1。

表 2-1　意蜂各阶段发育期 （单位：天）

类　别	卵　期	未封盖幼虫期	封　盖	出　房
蜂　王	3	5.5	7.5	16
工　蜂	3	6	12	21
雄　蜂	3	6.5	14.5	24

三型蜂的发育期是蜂场安排生产的重要依据之一，每个养蜂者必须牢牢掌握，做到心中有数。

（三）蜂群中蜜蜂的分工

蜂群中的蜜蜂有着严密的分工，它们相互依赖、分工明确、各司其职，共同完成种族繁衍的任务。蜂王在蜂群中的主要职能是产卵繁殖，而雄蜂的唯一职能就是与处女王交尾。工蜂在蜂群中的职能较为复杂，诸如清理巢房、清运垃圾、采集酿造蜂蜜、采集花粉酿制蜂粮、哺育幼虫、采集涂敷蜂胶、泌蜡筑造蜂巢、守卫御敌等工作几乎都由工蜂承担。

工蜂自羽化出房之后，随着日龄的增长，基本上是按着其生理上的发育去执行各种相关的工作。幼蜂出房后的前3天，其主要工作是打扫刚羽化过蜜蜂的巢房。出房1天左右开始以蜂粮饲喂3日龄以上的大幼虫。6日龄后，开始以自身分泌的蜂王浆饲喂3日龄以下的小幼虫和蜂王。12日龄以后的工蜂工作逐渐复杂起来，这个阶段的内勤蜂从蜂巢里将废物和死蜂清除出去；将花粉团添装在巢房里，将其咬碎并掺入蜂蜜和唾液酿制蜂粮；接受外勤蜂采来的花蜜并添加转化酶，使花蜜转化成蜂蜜；分泌蜂蜡筑造巢脾，给巢房里的大幼虫和成熟蜂蜜封上蜡盖。这个阶段的内勤蜂还接受外勤蜂采回的树胶，加入上颚腺分泌物，加工制成蜂胶，并将其涂敷于蜂巢中需要的部位。到内勤蜂的最后阶段，其中的一些工蜂变为守卫蜂进行御敌。20日龄后，工蜂成为外勤蜂，从事采集工作。

所有日龄的工蜂都主动或被动地投入巢内温度的调节工作。其靠扇风使水分蒸发，降低巢温；靠吃蜜代谢产热、肌肉活动和紧密地团聚在一起来产生和保持热量。蜂群中每只内勤蜂并非是严格机械地按其日龄段进行单一分工，一只工蜂在一段短暂时间里能够从事多种工作。在一个缺乏某日龄段工蜂的非正常蜂群中，工蜂也会根据蜂群工作内容的需要，提前进入或重新恢复所缺乏日龄段工蜂的职能。内勤蜂正是这样既有相对分工，又较灵活地完成蜂群内各项烦琐的工作。

三、蜜蜂行为

（一）蜜蜂的活动

在黑暗的蜂巢里，蜜蜂利用重力感觉器与地磁力来完成筑巢的定位；在来往飞行中，蜜蜂利用视觉和嗅觉的功能，依靠地形、物体与太阳位置等来定向；而在近处则主要依靠颜色和气味来寻找巢门位置和食物。在一个狭小的场地居住着众多的蜜蜂，在没有明显标志物时，蜜蜂也会迷失方向，蜂场附近的高压线能影响蜜蜂回巢。

晴暖无风的天气，意蜂载重飞行的时速约为 20 千米，在逆风条件下常贴地面艰难运动。意蜂的采集半径约 2.5 千米，向上飞行的高度 1 千米，并可绕过障碍物。中蜂的采集半径约 1 千米。

一般情况下，蜜蜂在最近的植物上进行采集。在其飞行范围内，如果远处有更丰富、可口的植物泌蜜、散粉的情况下，有些蜜蜂也会舍近求远，去采集该植物的花蜜和花粉，但离蜂巢越远，采集的蜜蜂就会越少。一天当中，蜜蜂飞行的时间与植物泌蜜时间相吻合。蜂群生活所需要的营养物质，都由蜜蜂从外界采集物中获得。

（二）工蜂采集花蜜与酿造蜂蜜

一个 6 千克重的蜂群，在流蜜期投入到采集活动的工蜂约为总数的 1/2；一个 2 千克重的蜂群，投入到采集活动的工蜂所占蜂群比例约为 1/3。如果蜂巢中没有蜂子可哺育，5 日龄以后的工蜂也会参与采集工作。在刺槐、油菜、椴树等主要蜜源开花盛期，一个意蜂强群一天采蜜量可达 5 千克以上。蜜蜂采访 1 100～1 446 朵花才能获得 1 蜜囊花蜜，一只蜜蜂一生能为人类提供 0.6 千克蜂蜜。花蜜酿造成蜂蜜，一是要经过糖类的化学转变，二是要把多余的水分排除。

当侦察蜂发现蜜源后，飞回蜂巢，将这一信息通过舞蹈告知采集蜂，采集蜂径直飞到蜜源处的花上，将其吻伸到蜜腺上，逐朵逐朵地汲取花蜜，并将花蜜暂时储存在蜜囊中，待蜜囊中的花蜜储满后，采集蜂便飞回蜂巢，将花蜜从蜜囊中反吐出来交给内勤蜂，或直接吐入空巢房中。一只采集蜂出巢一次能平均采回 40 毫克花蜜，大约要拜访几十至上千朵花，平均每天要出巢 10 多次。在蜜源丰富时，工蜂采集半径为 3 千米；蜜源缺乏时，平原区采集半径可扩展到 5 千米左右；空中飞行高度可达 1 千米。采集蜂在采集花蜜过程中，将唾腺分泌的转化酶混入花蜜中，使得花蜜开始从蔗糖不断转化成果糖和葡萄糖，再经过酿蜜工蜂不断加入转化酶和蒸发水分，经几十小时的转化浓缩后，花蜜才变成了蜂蜜，被工蜂储存于边脾空巢房或子脾边角空巢房中，并以蜡封存，作为蜂群将来的食物。

（三）花粉的收集与制作

1. 花粉收集 花粉是植物的雄性配子，其个体称为花粉粒，由雄蕊花药产生。饲喂幼虫和幼蜂所需要的蛋白质、脂肪、矿物质和维生素等，几乎完全来自花粉。当花粉粒成熟时，花药裂开，散出花粉。蜜蜂飞向盛开的鲜花，拥抱花蕊，在花丛中跌爬滚打，用全身的绒毛黏附花粉，然后飞起来用3对足将花粉粒收集并堆积在后足花粉篮中，形成球状物——蜂花粉，携带回巢。工蜂每次收集花粉约访梨花84朵、蒲公英100朵，历时10分钟左右，获得12～29毫克花粉。在油菜花期，一个有2万只蜜蜂的蜂群，日采鲜花粉量可达到2 300克，即群日采粉55 000蜂次以上。一群蜂一年需要消耗花粉30千克。

2. 蜂粮的制作 蜜蜂携带花粉回巢后，将花粉团卸载到靠近育虫圈的巢房中，不久内勤蜂钻进花粉房中，将花粉嚼碎夯实，并吐蜜湿润。在蜜蜂唾液和天然乳酸菌的作用下，花粉变成蜂粮。巢房中的蜂粮贮存至七成左右，蜜蜂在蜂粮外添加一层蜂蜜，最后用蜡封存，长期保存。必要时，饲喂蜂用这种酿好的蜂粮来饲喂雄蜂和较大的工蜂幼虫。刚出房的幼蜂也会取食一定的花粉来完成继续发育。花粉是蜂群所需蛋白质、维生素等营养的主要来源。

（四）工蜂泌蜡与筑巢

蜂巢是由一张张蜡质巢脾垂直地面、平行悬挂排列有机组合而成的，当蜂群壮大，外界有充足蜜源，蜂巢中蜜蜂拥挤而又无贮蜜巢房时，蜂群就开始筑造新巢脾。如果蜂群所处的地方没有供蜜蜂扩巢的空间，蜂群便会发生自然分蜂，选择新的场所，建造新的家园。人类正是利用蜜蜂这一习性，用人工巢础，吸引蜜蜂筑造一定尺寸的巢脾。

一般13日龄的工蜂蜡腺成熟，开始分泌蜡质，修建巢房。蜜蜂的蜡腺位于第4～7腹节的腹板前部，各具一对光滑透明的卵圆形蜡镜，蜡以液态经过蜡镜的微孔渗出，在蜡镜表面凝固，形成蜡片。筑巢时，工蜂足拉足串联挂在巢础框或要造巢的地方，腹部对着筑巢的地方，分泌蜡片，并用后足基跗节上的硬刺戳取蜡片送到上颚，混入上颚腺分泌物，再用口器将蜡片咀嚼为可塑性蜡团，然后粘在欲修筑的地方。靠成千上万只蜜蜂的点点粘垒，将巢房慢慢建造起来。一般筑造一个工蜂房需要50个蜡片，筑造一个雄蜂房则需120个蜡片。工蜂分泌1千克蜂蜡约需400万个蜡片，消耗3.5～7千克蜂蜜。

蜜蜂是天才的"建筑师"，它巧妙地将巢脾建成一个个排列整齐的正六角形空柱体，并且前后两面巢房相对，每一个巢房的底部和外壁都会与另一个巢房所共用，这样既极大地节省了建筑材料，又使巢脾非常牢固。

自然蜂巢，是从顶端附着物部位开始建造，然后向下延伸。人工蜂巢，蜜蜂密集在人工巢础上造脾。

（五）蜂王和雄蜂的婚配

在正常情况下，雄蜂在8～12日龄性成熟，具有交尾能力，最有效交尾期为25～35日龄。西方蜜蜂处女王的交尾一般多在7～15日龄。因此，人工育王一般要在雄蜂大量出房时开始。蜂王的交尾场地通常在离蜂场2～5千米范围内。雄蜂飞出的距离一般离蜂场5～7千米。处女王一般在气温超过20℃的晴暖午后2～4时出巢婚飞，这段时间也正是雄蜂出游的高峰期。婚飞出游的处女王，分泌性外激素，诱使许多性成熟的雄蜂追逐它，有机会与蜂王进行交尾的雄蜂一般是那些飞在最前边的强壮者。当雄蜂追逐上蜂王，便落在蜂王腹部的背上，用六只足将蜂王抱住，头伸在蜂王胸部上面，腹部向下弯曲，直至和蜂王腹部尖端相接触。如果蜂王张开它的螫针腔，雄蜂的阴茎翻出，完成交尾射精。射精后的雄蜂立刻松开蜂王，向后方倒下去，在2～3秒钟后，两只蜂分开。如果不能迅速分开，则它们可能一同跌落地上，几分钟之内分开。雄蜂随后死去。蜂王一次婚飞可与数只雄蜂交尾，婚飞的蜂王一次受精不足时，可在同一天或次日进行数次交尾，直到蜂王的受精囊中贮满精液。

处女王交尾返巢，螫针腔常拖带一小段白色线状物，即"交尾标志"，它是雄蜂黏液腺排出物等堵塞螫针腔所致。交尾后的蜂王通过腹部弯曲动作，使阴道褶瓣闭合，阻断精液外流，再经输卵管肌肉收缩，将精液挤入受精囊。蜂王完成最后一次交尾后 1～2 天便开始产卵，从此不再交尾。

（六）自然分蜂

　　蜂王大量产卵，工蜂的有效哺育，只能实现蜜蜂个体数量的增多，而不能实现蜂群数量的增加。蜂群通过自然分蜂这一方式来实现蜂群数量的增多。

　　当外界蜜粉源丰富、气候适宜时，蜂王大量产卵繁殖，工蜂用充足的食物哺育幼虫，蜂群迅速壮大。蜂群中充满了具有很强哺育能力的青幼年工蜂，而蜂王的产卵力有一定的限度，哺育蜂分泌的蜂王浆不能得到充分利用，哺育力过剩。由于营养的积累，部分工蜂卵巢开始发育，形成解剖学上的产卵工蜂，它们骚动不安。同时，由于工蜂个体数量的增多，蜂王信息素分配到每只工蜂的数量减少，对工蜂的抑制力减弱，促成蜂群分蜂热的产生。客观上，由于蜂群强壮，流蜜期工蜂大量采蜜，储蜜占用了巢房，使蜂王无处产卵，筑巢空间又很窄小，蜂群不能扩大蜂巢，造成蜂巢拥挤，巢内空气流通不畅，巢温上升，促进了蜜蜂停工，酝酿分蜂。

　　蜂群产生分蜂热后，工蜂便开始在巢脾边缘筑造台基，并驱使蜂王在其中产卵，当蜂王在不同时间于不同王台中产卵后，哺育蜂便减少对蜂王的饲喂，蜂王营养不足，使卵巢缩小，体重减轻，停止产卵。当新蜂王快羽化出房时，一部分蜜蜂拥护着老蜂王飞离原蜂巢，将旧巢留给新蜂王和其余的蜜蜂。如果留下的蜂群仍很强大，首先出房的处女王，还会带着一部分工蜂飞离蜂巢，进行第二次分蜂。就这样，蜂群完成了其数量上的增加。人工分蜂正是蜜蜂自然分蜂现象的利用。

四、蜜蜂间信息传递

蜜蜂属社会性昆虫，进行着社会化生活，蜂群中个体之间也同人类一样有着种种的信息交流。蜜蜂没有语言文字，主要是通过舞蹈、发声及信息素等进行信息传递。

（一）蜜蜂舞蹈语言

蜜蜂舞蹈是蜜蜂利用不同形式、不同摆动频率的肢体动作来传递某种信息的肢体语言。目前研究最深入的蜜蜂舞蹈是圆舞和摇摆舞。圆舞表示跳舞工蜂在离巢百米之内发现蜜源，告诉同伴出巢采集。摇摆舞则表示跳舞工蜂在离巢百米之外发现蜜源。另外，蜜蜂舞蹈还有新月舞；分蜂时，蜜蜂以"之"字形召唤同伴的"呼呼"舞；以及报警舞、搓衣舞、按摩舞和背腹颤动舞等。

1. 圆舞 侦察蜂在距蜂巢50～80米较近的地方采回花蜜时，返回巢内在巢脾上将花蜜反吐出来给同伴，然后跳起圆舞。即兜着小圆圈，一会儿向左转圈，一会儿向右转圈。舞蹈蜂附近的几只蜜蜂也跟在它后面，并用触角触及舞蹈蜂的腹部。

2. 摇摆舞 蜜蜂在距蜂巢100米以外的较远处采到

花蜜时，返回蜂巢，在巢脾上吐出花蜜后就跳起摆尾舞，指出蜜源的方向和距离蜂巢的大概距离。舞蹈蜂跑直径不大的半圆，而后沿直线爬过几个巢房，接着向相对方向转身，在对面再跑半圆，两个半圆合起来呈"8"字形。因此摇摆舞又称"8字舞"。

（二）蜜蜂发声

蜜蜂在生活中也常发出一些声音传达某种信息。例如，大流蜜时蜂场常"嗡嗡"声大作，可能是蜜蜂激励同伴积极采蜜和酿蜜的劳动号子。蜂群失王几小时内，蜂群发出"噗噗"声传递信息。处女王羽化出房时，先出房的处女王会发出"吱吱"的叫声，同群其余王台里的成熟处女王也会发出同样的应答声。

（三）蜜蜂信息素

蜜蜂间除靠上述方式传递信息外，很多信息靠化学物质传递，这些可在同类间行使信息传递的物质称信息素。蜜蜂生活在黑暗的蜂巢中，除依靠接触、声音、舞蹈进行信息传递外，很多信息是通过化学物质传递的。信息素是昆虫外分泌腺分泌到体外的化学物质，通过个体间的接触或空气传播，作用于同种的其他个体，引起特定的行为或生理反应，所以又称为"外激素"。蜜蜂的信息素主要有蜂王信息素、工蜂信息素、雄蜂信息素和幼虫信息素。其在蜜蜂行为中传达着许多复杂信息。例如，蜂王信息素可使工蜂感知蜂王的存在；工蜂信息素可作为一种导航信号，告诉蜜蜂返巢路径，还可作为一种报警信号，引导其他蜜蜂攻击敌方；蜜蜂幼虫信息素，可使工蜂感知幼虫的存在，了解幼虫所处的饥饿状态，使工蜂对其饲喂。

1. 蜂王信息素 蜂群中有产卵蜂王时，蜂巢内外活动秩序井然，一旦失去蜂王，工蜂的采集活动急剧下降，许多工蜂在巢内外乱爬，显得急躁不安。这表明工蜂能通过某种信息了解到蜂王的存在。蜂王由上颚腺、背板腺、科氏腺、跗节腺等腺体分泌信息素，其中上颚腺信息素最为重要，它具有高度吸引工蜂、抑制工蜂卵巢发育、阻止建造王台等作用，在空中释放可引诱雄蜂追逐。它的主要成分是反式-9-羟基-2-癸烯酸、反式-9-氧代-2-癸烯酸、顺反式-9-羟基-2-癸烯酸、甲基对羟基-苯甲酸酯和4-羟基-3-甲氧苯基乙醇。

2. 工蜂信息素 工蜂和蜂王的职能不同，二者外分泌腺含有的信息素也不一样。此外，纳氏腺和蜡腺是工蜂特有的。

（1）上颚腺信息素 哺育蜂上颚腺产生的分泌物中含有反式-10-羟基-2-癸烯酸（10-HAD），还含有一些简单的脂肪酸，如乙二酸、辛酸、安息酸等。这些酸具有抗菌活性。守卫蜂和采集蜂上颚腺分泌物中含有一种类似奶酪气味的化合物2-庚酮，它是一种弱的报警信息素，守卫蜂常用上颚咬住入侵者，将2-庚酮标记在入侵者身上，引导其他蜜蜂前去攻击。

（2）纳氏腺信息素 主要成分是芳香的含氧萜类。

它是一种导航信号，可引导蜜蜂找到巢门，飞向饲料源；可引导无蜂王的蜂团向有蜂王的分蜂团运动，引导飞散的蜜蜂找到蜂王，并与蜂王上颚腺信息素一起，对分蜂团起到稳定作用。

五、蜜蜂巢穴

蜜蜂的巢穴简称蜂巢，是蜜蜂繁衍生息、贮藏食物的场所，由工蜂泌蜡筑造的一片或多片与地面垂直、间隔并列的巢脾构成，巢脾上布满巢房。

1. 野生蜂蜂巢 野生的东方蜜蜂和西方蜜蜂常在树洞、岩洞等黑暗的地方建筑巢穴，通常由 10 余片互相平行、彼此保持一定距离的巢脾组成，巢脾两面布满正六边形的巢房，每一片巢脾的上缘都附着在洞穴的顶部，蜂巢的形状一般呈半椭圆球形。单片巢脾的中下部为育虫区，上方及两侧为贮粉区，贮粉区以外至边缘为贮蜜区。从整个蜂巢看，中下部（蜂巢的中心）为培育蜂子区，外层（蜂巢的边或壳）为饲料区。

2. 人工蜂巢 人工饲养的东方蜜蜂和西方蜜蜂生活在人们特制的蜂箱内，巢房建筑在活动的巢框里，巢脾大小规格一致，既适合蜜蜂的生活习性，又便于现代养蜂生产和管理操作。

3. 更新蜂巢 新巢脾色泽鲜艳，房壁薄，容量大，培育的工蜂个大，不易滋生病虫害。随着培育蜂子次数的增加，巢房容积越来越小，颜色也越来越深，最后成为黑色，由这种巢房育出的蜜蜂个体小，也容易患病。因此，意蜂巢脾 2 年更换 1 次，中蜂巢脾则年年更换。装满花粉的褐色巢脾，有助于早春蜂群保温。

六、蜜蜂要求温湿度条件

蜜蜂幼虫对温度的要求很严格，要求恒温，必须保持在 34～35℃，最适温度是 34.4℃。温度偏高或偏低都会给蜜蜂幼虫的发育带来不利影响。蜂群生活的最适气温是 20～25℃，在此温度下，子脾的温度最宜保持在 34～35℃之间，工蜂表现出最好的采集力，蜂王表现出最强的产卵力。蜜蜂对湿度的要求较低，流蜜期育虫区蜂路里空气相对湿度为 40%～65%，蜜源缺乏期为 76%～80%。

单只蜜蜂在静止状态下，体温和气温是一样的。当气温低于 13℃，西方蜜蜂便不能飞行；低于 7℃，便被冻僵；当温度高于 45℃，单只蜜蜂就会死亡；温度高于 40℃，幼虫就会全部死亡。群体状态下，蜜蜂依靠群体的活动，能调节巢温。当气温升高时，蜜蜂常以静止、疏散、采水扇风、离巢等方式降温，而且会根据气温升高幅度的大小，对参加扇风工蜂的数量和扇风强度做出相应调整。当气温降低时，蜜蜂又以代谢产热、运动产热、密集、结团等方式升高和保持巢温。气温下降到 5℃以下时，蜜蜂便集结成外紧内松的蜂团，并靠代谢产热将蜂团中心温度保持在 13℃以上，蜂团表面温度保持在 6～8℃。蜂团内的蜜蜂代谢所产生的热量传导到蜂团外层，外层蜜蜂相互紧靠保温，气温越低，蜂团越紧，这样蜂群可以顺利度过零下几十摄氏度的严寒。

七、蜜蜂食物

食物是蜜蜂生存的基本条件之一，蜜蜂专以花蜜和花粉为食。自然情况下，食物是指蜂蜜和蜂粮，它们来源于蜜源植物。另外，蜂王浆是小幼虫和蜂王必不可少的食物，水是生命活动的物质，西方蜜蜂还采集蜂胶来抑制微生物滋生。如果蜂群营养充分，就会养好蜜蜂，获得好收成；如果蜂群缺乏营养，就养不好蜜蜂，效益差。

1. 蜂蜜　由工蜂采集花蜜并经过酿造而来，为蜜蜂生命活动提供能量。蜂蜜中含有 180 余种物质，其主要成分是果糖和葡萄糖，占总成分的 64%～79%；其次是水分，含量约 17%；另外还有蔗糖、麦芽糖、少量多糖及氨基酸、维生素、矿物质、酶类、芳香物质、色素、激素和有机酸等。在我国 1 群蜂 1 年约需 69 千克蜂蜜，培育 1 千克蜜蜂约需蜂蜜 1.14 千克。

2. 蜂粮　由工蜂采集花粉并经过加工形成，为蜜蜂生长发育提供蛋白质。花粉是蜜蜂食物中蛋白质、脂肪、维生素、矿物质的主要来源，为蜜蜂生长发育必需品。花粉中含有 8%～40% 蛋白质、30% 糖类、20% 脂肪以及多种维生素、矿物质、酶与辅酶类、甾醇类、牛磺酸、色素等。培育 1 千克蜜蜂约需花粉 894 克，1 群蜂 1 年约需花粉 25 千克。

3. 蜂乳 由工蜂的咽下腺和上颚腺分泌，为蜂王的食物以及工蜂和雄蜂小幼虫的食物，其主要成分是蛋白质和水。喂养蜂王的蜂乳也叫蜂王浆，在蜂王的生长发育和产卵期都必须有充足的蜂王浆供应。

4. 水分 由工蜂从外界采集获得，在蜜蜂活动时期，1群蜂日需水量约200克，1个强群日采水量可达400克。如果缺水，则蜜蜂不能繁殖；如果采集污水，则蜜蜂会患病。

5. 蜂胶 蜂胶不是蜜蜂的食物，却是蜂群中必不可少的具有抗菌作用的物质，是工蜂采集树脂加工的产品。

八、蜂群周年生活规律

蜜蜂生活的最适气温为15～25℃。气温在5～35℃时（白天阴处气温），蜜蜂就能出巢活动，蜂王在巢内产卵，工蜂哺育幼虫，整个时期可称为繁殖期。这个时期外界往往有蜜粉源，也是生产各种蜂产品的时期。气温长期在10℃以下时，蜂王停止产卵，蜜蜂减少或停止出巢活动，在蜂巢内结成蜂团，转入断子越冬期。

在温带地区，冬季蜂王停止产卵，只有老蜂逐渐死亡，没有新蜂羽化出巢房，蜂群中蜜蜂的数量渐渐减少；夏季蜂王每天的产卵量往往超过1500粒，新蜂的羽化数大大超过老蜂的死亡数，蜜蜂的数量逐渐增多，蜂群发展到高峰。蜂群中蜜蜂和蜂子数量的变化，每年都有相似的顺序和速度，主要取决于气候和蜜粉源条件，并且受蜂群哺育蜂子能力的影响。根据蜜蜂的活动，蜜蜂数量和质量的变化，蜂群在一年中的生活，一般可划分为若干个时期，每一个时期都有它的特点，但这些时期之间没有明显的界限。

（一）恢复时期

早春，从蜂王开始产卵、蜂群开始哺育蜂子起，至蜂群恢复到越冬前的群势为止。北方蜂群越冬期长，蜂王在2月底至3月份开始产卵；长江中下游地区，蜂王在1月份开始产卵。通常越冬蜂经过排泄飞翔后积极培育蜂子。大约经过1个月，当年培育的新蜂将大部分越冬蜂更替，新蜂比越冬老蜂哺育蜂子的能力提高2～3倍，为蜂群迅速发展创造了条件。

（二）发展时期

在这个时期，蜜蜂哺育蜂子能力迅速提高，蜂王产卵量增加，每天羽化的新蜂超过了老蜂的死亡数，蜂群发展壮大，蜜蜂和子脾数量都持续增长。有的蜂群出现雄蜂子和雄蜂。蜂群发展到8～10框蜂（蜜蜂在2万只以上），便进入强盛时期。

（三）强盛时期

北方一般出现在夏季，长江中下游地区出现在春末夏初。这个时期，蜂群可发展到20～30框蜂（3万～6万只蜂），子脾8～12框，群势相对稳定，蜂群往往出现分蜂热（造王台，培育新蜂王，做自然分蜂的准备）。强盛时期，常有主要蜜源植物大量开花、流蜜，是蜂群突击采集饲料的时期，也是养蜂生产的关键时期。

（四）更新时期

秋季，主要蜜源植物流蜜期结束后，蜂群培育的冬季蜂更替了夏季蜂。冬季蜂主要是没有哺育过幼虫的工蜂，其上颚腺、咽下腺、脂肪体等都保持发育状态，能够度过寒冬，到翌年春季仍然能够哺育幼虫。

（五）越冬时期

晚秋，随着气温下降，蜂王减少产卵，最后完全停产。气温下降到5℃以下，蜜蜂周围温度接近6～8℃时，蜜蜂结成越冬蜂团。周围温度继续下降，蜂团就收缩，同时中心蜜蜂产生热量，使蜂团内部温度升到14～30℃，表面温度保持6～8℃。越冬期间没有新蜂羽化，只有老蜂死亡，蜜蜂数量逐渐减少；早春，蜂群中蜜蜂数量降到最低点。

养蜂实践证明，秋季培育的越冬蜂多，强群越冬，蜜蜂死亡率低，饲料消耗少，能保存实力，翌年春季蜂群恢复发展快，能够利用早期蜜源。强群哺育的蜜蜂体格强壮、寿命长、采集力强，而且强群抗病力强、管理省工，是取得高产、稳产的基础。

（六）亚热带地区蜂群越夏

亚热带地区的 7～9 月份，气温常在 35℃以上，并且缺乏蜜源，蜂王停止产卵，蜜蜂只在早晚出巢活动。为保持适宜的巢温，蜜蜂扇风，加强通风，采水降温，体力消耗很大，很快衰老死亡，群势迅速下降。

亚热带地区常年气温较高，特别是缺乏蜜粉源时，对蜂群越夏是最大的威胁。最好将蜂群迁移到有瓜类、芝麻蜜源的地方，同时做好蜂群的遮阳和通风降温工作，注意防除蟾蜍、蜻蜓、胡蜂等敌害；或者将蜂群转移到温度低、有山花蜜源的山区，特别注意防除胡蜂，可采用扑打、毒饵诱杀，捕捉胡蜂涂上杀虫剂放飞以毒杀全巢胡蜂，或烧毁胡蜂巢（应特别注意森林防火）等方法。

亚热带地区 10 月份气温下降，有桉树等蜜粉源，蜂王恢复产卵，蜜蜂又开始育虫，蜂群进入恢复发展时期。亚热带地区的冬春季有主要蜜源植物开花、流蜜，是适宜的生产季节。

第三章
场地选择与蜂场规划

一、场地选择

养蜂场址的条件是否理想，直接影响养蜂生产的成败，要从有利于蜂群发展和蜂产品的优质高产来考虑，同时也要兼顾养蜂人员的生活条件，必须通过现场认真勘察和周密调查，再做出选场的决定。根据饲养方式的不同，养蜂场地分为固定场地和临时场地两种。

（一）固定场地选择

一个理想的定地养蜂场，必须具有丰富的蜜粉源、良好水源、适宜的小气候、环境幽静、场地开阔、蜂群密度适当、电通、邮通、网通以及交通方便等基本条件。选择中蜂固定场地时，一定要注意远离西方蜜蜂。将蜂群放在预选地点试养一两年，然后再确定。

1. 蜜粉源丰富　这是养蜂生产的最基本条件。选择养蜂场址时首先应考虑在蜜蜂的飞行范围内是否有充足的蜜粉源。蜜粉源丰富，蜜蜂活动范围较小。当周边蜜粉源不能满足蜜蜂的需要时，蜜蜂的采集活动范围就扩大，但是采集距离超过3千米时蜜蜂采集效率降低。一般情况下，在固定蜂场的2.5～3千米范围内，全年有一两种主要蜜源植物，在蜂群的活动季节还需要有多种花期交错连续不断的辅助蜜粉源，尤其是早春的粉源应较为丰富，以保证蜂群发展。进行多种蜜蜂产品的生产，这样蜂场有稳定收入。尽量选择不施农药、没有污染、满山遍野的野生主要蜜源，生产绿色、有机蜂产品。栽培的作物蜜源也要选择无公害农业生态区的主要蜜源，以生产无公害蜂产品。

选场地址时，如果以天然林木为主要蜜源，还应注意选择林木稳定、不乱砍滥伐的地区建场。一般来说，蜂场距离蜜源越近越好，但是花期经常施农药的蜜源作物，蜂群至少要放在蜜源的100米以外的地方。有毒蜜粉源附近不能作为养蜂场地。

蜂场应该建在蜜源的下风处或地势低于蜜源的地方，以便于蜜蜂的采集飞行。在山区建场还应考虑蜜蜂的飞行高度，蜜蜂能够利用的垂直分布的蜜源范围为1千米。在蜂群已停产越冬前后，蜂场周围不能有蜜粉源，以防零星的蜜粉源植物诱使外勤蜂出巢采蜜，刺激蜂王产卵，影响蜂群越冬。

2. 蜂场交通条件　一般情况下，交通十分方便的地方，野生蜜粉源往往破坏比较严重，以野生植物为主要蜜源的定地蜂场，在首先考虑蜜粉源条件的同时，还应兼顾蜂场的交通条件。蜂群、养蜂机具设备、饲料糖、蜂产品的运输以及蜂场职工和家属生活物质的运输都需要比较理想的交通条件。养蜂场地要选择离公路干线不远、且能通车的地方，但不能紧邻铁路、高速路和公路道边。

3. 适宜小气候 小气候主要受植物特点、土壤性质、地形地势、湖泊河流等因素影响，如，山顶风大，山谷雾多日照少，高海拔山地气温偏低，沼泽地区易积水和潮湿，无防风林的沿海风沙大，岩石和水泥地面夏天吸热快，冬天散热快等。这些小气候不利于蜂群采集飞行，也不利于蜜源植物开花泌蜜。放置蜂群的场址周围小气候会直接影响蜜蜂的飞翔天数，日出勤时间长短，采集蜜粉的飞行强度，以及蜜源植物的泌蜜量。

低洼的地区易积水和潮湿，不利于蜂群的健康；山顶、谷口风大，不利于蜜蜂飞翔；山谷雾多日照少，影响蜜蜂出巢采集时间；在阴暗的场所，蜜蜂出巢晚，归巢早，对日出勤量影响较大；蜂场前有障碍物的，蜜蜂出巢进巢必须绕过障碍，增加了飞翔活动，给蜂群采集造成困难；祖露的岩石上，水泥地面，夏天吸热快，冬天散热快，不利于保持蜂群适宜生活温度。大江、大河、水库边也不宜建定地蜂场，以免蜂王交尾及大风天工蜂采蜜落入水中，造成死亡。

一般选择场地时，应选择地势高燥、光照适宜的地方，养蜂人员在选择放蜂场地时应当根据季节变化进行选择。一般早春繁殖的场地应考虑避风保温；越夏场地应选择遮阳、通风、敌害较少的地方；越冬宜选择背风、向阳、干燥与安静的地方。不宜养蜂的环境有：蜂场附近有有毒蜜源植物或农药危害严重、人畜往来频繁、有工厂（含糖厂、蜂蜜加工厂、果脯厂和震动强烈的厂区）、铁路或高速公路附近、有可能受到洪水冲击或山体塌方的地方、有高音喇叭、路灯、诱虫灯等附近的地方都不适宜放养蜜蜂。

4. 水源良好　蜂场应建立在常年有流水或有较充足水源的地方，水质良好，悬浮物、pH 值、溶解氧等指标应合格。理想的水源是深井水或自来水。有常年不断无污染的流淌溪河水，符合一、二级水质的饮用水也可以，但不能选择水库、湖泊、河流等大面积水域附近，以及与蜜源隔水相望的地方建场，蜂群也不宜放在水塘旁，刮风天气，蜜蜂采集归巢时容易在飞越水面时落入水中，处女王交尾也常常因此而损失。此外还要注意蜂场周围不能有被污染或有毒的水源，以防引起蜂群患病、蜜蜂中毒和污染蜂产品。

5. 环境幽静　养蜂场地周围应树木环绕，绿地如茵，视野开阔。不能建在离铁路、工矿和以燃煤为能源的工厂，以及垃圾场、牧场畜棚等太近的地方，在山区要特别注意山洪、泥石流、塌方等危及人蜂安全的隐患。蜂群巢门对的方向必须开阔。蜂场应远离铁路、厂矿、机关、学校、畜牧场等地方，因为蜜蜂喜欢安静，如有烟雾、声响、震动等侵扰会使蜂群不得安居，并容易发生人畜被蜇。在香料厂、农药厂、化工厂以及化工农药仓库等环境污染严重的地方不能设立蜂场。蜂场也不能设立在糖厂、蜜饯厂附近，否则在缺乏蜜源的季节，蜜蜂就会飞到糖厂或蜜饯厂采集，不但影响工厂的生产，还会损失采集蜂，严重的可引发盗蜂，造成严重的损失。

6. 蜂场周围蜂群密度适当 蜂群密度过大对养蜂生产不利，不仅会减少蜂蜜、蜂花粉、蜂胶等产品的产量，还易在邻场间发生偏集和病害传播，而且在蜜粉源枯竭期或流蜜期容易在邻场间引起盗蜂。在蜜粉源丰富的情况下，在半径 500 米的范围内蜂群数量不宜超过 100 群。

养蜂场址的选择还应避免相邻蜂场的蜜蜂采集飞行的路线重叠，如果蜂场设在相邻蜂场和蜜源之间，也就是蜂场位于邻场蜜蜂的采集飞行路线上，在流蜜后期或流蜜期结束后易被盗；如果在蜂场和蜜源之间有其他蜂场，也就是本场蜜蜂采集飞行路线途经邻场，在流蜜期易发生采集蜂偏集邻场的现象。

7. 保证人、蜂安全 建立蜂场之前，还应该先摸清危害人、蜂的敌害情况，如大野兽、胡蜂等，最好能避开有这些敌害的地方，或采取必要的防护措施。在可能发生山洪、泥石流、塌方等危害的地点也不能建场。山区建场还应该注意预防森林火灾，除应设防火路之外，厨房应与其他房舍隔离。北方山区建场，还应特别注意在冬季大雪封山的季节仍能保证人员的进出。

（二）临时放蜂场地选择

转地放蜂的蜂场没有固定的放蜂场地，对场地的要求，依季节和目的不同而有所不同，但对场地的基本条件要求与固定放蜂场地一样。临时场地包括蜂群繁殖、采蜜、越夏、越冬场地，以便春季蜂群能尽快恢复壮大。

对采蜜场地主要蜜源植物要了解仔细，不仅要了解主要蜜粉源的面积、生长情况和泌蜜规律，还要了解气候情况、雨水充足与否、有无冻害等情况，预测花期有无旱涝灾害，以及历年蜜源流蜜情况及蜂群的分布和密度。根据调查进行综合分析，判断当年采蜜情况。然后确定放蜂采蜜的场地。选择繁殖场地，对蜜源植物的流蜜状况要求不高，但要求有连续交错的辅助蜜源和丰富的粉源；交通运输方便和供水条件良好即可。早春繁殖场地还要考虑避风保温。

越夏场地主要是保存蜂群的实力，应选择遮阳、通风、敌害少、水源充足的地方。理想的场地有海滨和山林。

越冬场地应选择背风、向阳、干燥、安静的地方。避免靠近糖果厂、车站、码头等人多嘈杂的地方，以及畜禽经常过往的地方。我国南方冬季气温忽高忽低，不利于蜂群结团，所以要考虑选择阴凉通风的处所。

采蜜产浆场地，应选择具有大面积蜜源植物的地方。为了多生产蜂蜜、蜂王浆，要深入场地细致调查，研究蜜源植物的生长、面积与分布情况，了解当地或转地放蜂的习惯，根据蜜源植物的实际面积及生长情况适当安排蜂群。对当地土壤情况、农民耕作习惯、气候也要做细致的调查。有良好的蜜源植物但没有适宜气候的情况下，蜜蜂常无法采蜜产浆。有的地区蜜源植物生长良好，但土壤不适宜，也不流蜜。还须了解农民施用农药的习惯，预防蜜蜂中毒。在南方亚热带地区，为减少蜜蜂的活动，冬季无蜜源时期可将蜂群放在荫蔽、干燥、通风、温度低的地方。

二、蜂场规划

（一）蜂场建筑

蜂场的规划应根据蜂场场地大小、当地气候特点、养蜂规模、蜂场的经营形式、养蜂生产的类型等确定。如纯生产型蜂场，在房屋建筑上，就要重点考虑养蜂生产用的养蜂室、越冬室、生产车间、办公室、车库、仓库、员工宿舍、厨房、卫生间等。而观光示范兼销售型蜂场，就应采取园林化布局，在房屋建筑上还要考虑展示厅、接待室、营业室等。

1. 养蜂室　是用于饲养蜜蜂的房屋，也称为室内养蜂场，一般适用于小型或业余蜂场。山区室内养蜂，可有效避免大型兽类的危害。养蜂室内气温较稳定，受外界温度变化的影响较小，蜜蜂较容易调节巢温，有利于蜂群的生活和繁殖发展。蜂群开箱管理不受风吹雨淋，延长了蜂箱的使用寿命。

养蜂室通常在蜜源丰富、背风向阳、地势较高的场所。养蜂室呈长方形，蜂箱顺室内墙壁排放，蜂箱的巢门通过通道穿过墙壁通向室外。养蜂室的高度根据蜂箱层数确定，长度根据蜂群数量决定。一般室内蜂群多为双箱一组排列，两组间隔60～70厘米，室内两排蜂箱后壁间留出通道，通道宽一般在1.2～1.5米，通道和两排蜂箱所占位置的距离之和，即为养蜂室的宽度。

养蜂室以土木或砖木结构为主。养蜂室的门开在侧墙，正对通道；墙壁上方有通气窗，窗上安装遮光板，平时放下遮光板，保持室内黑暗，检查和饲喂蜂群时，打开遮光板。通气窗上安装脱蜂口，以使在开箱时少量趋光飞出的蜜蜂飞到室外。养蜂室的地面用水泥铺设，也可在夯实的地面上铺一层砖。室外墙壁上的巢门口可涂上不同颜色，以减少蜜蜂迷巢。

2. 越冬室 是高寒地区蜂群越冬的场所。我国东北、西北地区冬季严寒，气温常在 -20℃以下，很多养蜂者习惯于蜂群室内越冬。越冬室要求隔热、防潮、黑暗、安静、通风、防鼠等。越冬室内的温湿度保持相对稳定，以温度 -4～4℃、空气相对湿度75%～85% 为宜。越冬室有地下越冬室、半地下越冬室、地上越冬室等。

（1）地下越冬室 地下水位较低的地区可以修建地下越冬室。地下越冬室比较节省材料、成本低，保温性能好。可以是临时的简便防潮地窖，也可以是永久性的越冬室。应注意防潮。越冬室内温湿度的控制主要由进出气孔调节。越冬室的大小，可视蜂群的数量决定，一般一个十框标准箱约占 0.6 米³ 的空间，进出气孔的大小和数量应按每个蜂箱 3～5 厘米² 的面积设计。放两排蜂箱的地下室，一般深 2.7 米左右。永久性地下室的墙壁可用砖石垒砌，地面用水泥铺成，顶盖可用水泥预制板或方木承重，上面再铺一层 30 厘米厚的黏土保温。室门留在一侧，修斜坡路通向地面。通气孔通透顶盖，将室内潮湿空气排出。越冬室顶部与地面平齐，可在上面修筑仓库等，以充分利用地面空间。

（2）**半地下越冬室** 地下水位较高、天气寒冷的地区，适合建设保温性能较强的半地下越冬室。其特点是一半在地下，一半在地上。根据土质情况，地下打 30～50 厘米的地基。从地下部分地基开始，用石头或砖砌成墙壁，地上部分为两层，中间约 30 厘米空隙填充保温材料。为防潮湿，在室内地面铺上油毡或塑料薄膜，在其上再铺一层厚约 20 厘米的干沙土。也可将地下部分做防水处理后，再用水泥铺地面。越冬室的房顶由保温、防雨材料构成。半地下室的进气孔留在墙壁基部，出气孔均匀地分布在靠顶部的墙上或室顶上。

（3）**地上越冬室** 地下水位较高的地区，越冬室应修建在地上。地上越冬室与一般房屋所不同的是有两层墙，两层墙间留有 30～50 厘米空隙，用于填塞保温材料。房顶除防雨外，还必须保温。进气孔设在两侧墙壁，沿地面伸出室外，出气孔设在房顶部墙壁上，也可像烟囱一样从房顶直接伸出室外。一般住房也可改建成简易的地上越冬室，但需加一层内墙，以增加保温效果。长江中下游放蜂归乡的蜂群密度大，由于冬季气温较高，蜂群活动量大，不能安静越冬；或蜂群间互盗，为了提高蜂群的越冬效果，常采用室内越冬。南方的越冬室，墙壁可较薄，应重点考虑越冬室的通风、降温、避光、防潮等。

3. 蜂群遮阳棚（架） 蜂棚多三面砌墙以避风，一面开阔向阳。顶部用石棉瓦等不透光防雨材料搭建。蜂棚宽1.3～1.5米，高2米左右，长度根据蜂群数量而定。蜂棚下单向排列蜂箱。蜂棚多见于华北和黄河流域。

遮阳架是南方气候较炎热地区常见的蜂场建筑设施。遮阳架是排放蜂群的地点搭起的篷架。支架可用钢管或水泥制成，顶棚用不透光的建筑材料，也可在棚架底部和背部种植葡萄、藤蔓瓜类植物，夏季靠植物枝叶遮荫。棚顶宽度为2.5米左右，高度为2米左右，长度依地势和蜂群数量而定。

4. 蜂场挡风屏障 北方平原冬季西北风较多，蜂场如无天然挡风屏障，冬季和初春的寒风会影响蜂群的安全越冬和春季蜂群的繁殖。为抵御寒冷的北风对蜂群的侵袭，蜂场需建挡风屏障。

挡风屏障应设在蜂群的北侧及西侧两个方向，建挡风屏障的材料可因地制宜，永久建筑可用砖石砌成牢固的围墙；临时性挡风屏障可用土坯垒砌，或用灰土直接夯实成墙，也可用木板、厚实的玉米秸秆等围成挡风屏障。挡风屏障要牢固，尤其在风力较大的地区，防止屏障被风刮倒。挡风屏障高度应在2～2.5米。

（二）蜂场工作区

蜂场应根据场地的大小和地形地势合理地划分各功能区，并将养蜂生产作业区、蜜蜂产品加工包装区、办公区、营业展示区和生活区等各功能区分开，以免相互干扰。凡是定地蜂场，应做好场地环境的规划和清理工作，平整地面，修好道路，架设防风屏障，种植一些与养蜂有关或美化环境的经济林木或草本蜜源。蜂场内种植的蜜粉源植物应设立标志牌，注明粉源植物的中文名、学名、分类科属、开花泌蜜特性、养蜂的利用价值等，进行科普宣传。场区的道路尽可能布置在蜜蜂飞行路线后，避免行人对蜜蜂的干扰和蜜蜂蜇人。蜂场道路连接各功能区，并都能通汽车。

1. 养蜂生产作业区 包括放蜂场地、养蜂建筑、巢脾贮存室、蜂箱蜂具制作室、蜜蜂饲料配制间、蜜蜂产品生产操作间等。

放蜂场地可划分出饲养区和交尾区。放蜂场地应尽量远离人群和畜牧场。饲养区是蜜蜂群势恢复、增长和进行蜜蜂产品生产的场地，蜜蜂的群势较强，场地应宽敞开阔。在饲养区的放蜂场地，可用砖石水泥砌一平台，其上放置一磅秤，磅秤上放一蜂群，作为蜂群进蜜量观察的示磅群。交尾区的蜜蜂群势一般较弱，为了避免蜂王交尾后在回巢时受到饲养区强群蜜蜂的吸引而错投，交尾区应与饲养区分开。交尾群需分散排列，因此交尾区需要场地面积较大或地形地物较复杂丰富的地方。为方便蜜蜂采水，应在场上设立饲水设施。

养蜂建筑、巢脾贮藏室、蜂箱蜂具制作室、蜜蜂饲料配制间、蜜蜂产品生产操作间等均应建在放蜂场地周围，以便于蜂群饲养及生产操作。

2. 蜜蜂产品加工包装区 主要是蜜蜂产品加工和包装车间，在总体规划时应使其一边与蜜蜂产品生产操作间相邻，另一边靠近成品库。

3. 办公区 最好能安排在进入场区大门后的中心位置，方便外来人员洽谈业务，减少外来人员出入养蜂生产作业区和蜜蜂产品加工包装区，避免干扰生产。

4. 营业展示区 主要为营业厅和展示厅，是对外销售、宣传的窗口，一般安排在场区的边缘或靠近场区的大门处。营业展示区紧靠街道，甚至营业厅的门可直接开在面向街道的一侧，方便消费者参观购买。营业厅和展示厅应相连，如此便于消费者在展示厅参观时产生购买欲后及时购买。

（三）蜂群摆放

蜂场建设完成后，就要在蜂场中摆放蜂群。蜂群摆放的排列方式多种多样，应根据蜂群的数量、蜂场场地面积、蜂种等灵活掌握，以管理方便、蜜蜂容易识别蜂巢位置、不易引起盗蜂为原则。

1. 西方蜜蜂摆放 以单箱排列、双箱排列、"一"字形排列、环形排列为主要方式。这些蜂群的摆放方式各有特点，可根据场地大小、蜜蜂数量和蜜蜂饲养管理的需要加以选择。不管如何排列蜂群，摆放时都应将箱底垫起，以减慢箱底腐烂速度。

（1）**单箱排列** 这种摆放方式适用于蜂群数量不多、场地宽敞的蜂场。单箱排列可以单箱单列和单箱多列。每排蜂箱之间距离1～2米，排与排之间相距2～3米。前后排蜂箱交错摆放，以利于蜜蜂进入蜂巢。

（2）**双箱排列** 这种蜂群摆放方式适用于规模大、蜂群数量多的蜂场。可分为双箱单列和双箱多列两种方式。双箱排列方式就是将两个蜂箱并列靠在一起为一组，多组蜂群摆成一排。两组之间相距1～2米，各排之间相距2～3米，前后排蜂箱尽可能错开摆放。

（3）**"一"字形排列** 这种摆放蜂群的方式多用于场地较小，蜂群较多，或在气温较低的季节方便蜂群保温。"一"字形排列只适用于单箱体饲养的蜂群。其排列方式就是将蜂群一箱紧靠一箱地集中摆成一排放置，巢门朝向同一个方向。此方法占地面积小，易箱外保温，但蜂群易偏集，蜂群加继箱后，不便管理操作。

（4）**环形排列** 多见于转地蜂场途中临时放蜂，在定地蜂场中，这种蜂群排列方式并不多见。环形摆放既能使蜂群相对集中，又能防止蜂群偏集。环形排列时，将蜂箱排列成圆形或方形，巢门朝内。

2. 中蜂摆放 中蜂认巢能力差，容易错投它群，并且盗性强。因此中蜂排列不能太紧密，以防蜜蜂错投它群，引起斗杀和盗蜂。中蜂蜂箱的排列应根据地形、地物适当分散排列，各蜂箱的巢门方向应尽可能错开。在山区丘陵地带尽可能利用斜坡、树丛或大树布置蜂群，使各个蜂箱巢门的方向、位置、高低无序错落，箱位目标区别显著，易于蜜蜂识别。蜂箱宜放置在砖或木、竹桩上，一是防止地面上的敌害进入蜂箱，二是防止地面潮湿气体侵袭使箱底腐烂。放置蜂箱时，还要注意使蜂箱后部稍高于蜂箱前部，以防止雨水通过巢门进入蜂箱。

第四章
优良蜜蜂品种的选择

一、我国优良蜜蜂品种简介

（一）意大利蜂

意大利蜂简称"意蜂"，为黄体色蜂种。原产于意大利亚平宁半岛，原产地气候特点是夏季炎热干旱，蜜源丰富，花期长；冬季短，温暖湿润。意蜂的蜂王产卵力和工蜂哺育力均较强，蜂群的繁殖力受外界条件变化影响较小，分蜂性弱，容易保持大群；善于利用大宗蜜源植物，但对零星蜜源的利用能力较差；产浆量高，花粉采集力强；性情温驯，不怕光，开箱检查时很安静；定巢能力较差，易迷巢，盗性强；饲料消耗量较大，在蜜源欠佳时，易出现巢内饲料短缺现象；耐潮热，不耐寒，越冬死亡率高；抗病力较差，易感染白垩病和微孢子虫病，易受蜂螨侵害。意大利蜂特别适合大转地或小转地饲养，连续不断追赶蜜源会使其良好的经济性状况得到充分发挥，使养蜂者获得丰厚收益。

（二）卡尼鄂拉蜂

卡尼鄂拉蜂，又称喀尼阿兰蜂，简称"卡蜂"，为黑体色蜂种。原产于欧洲巴尔干半岛北部的多瑙河流域，原产地气候冬季严寒而漫长，春季短而花期早，夏季不太炎热。卡尼鄂拉蜂对外界蜜源、气候条件变化敏感，表现在育虫方面会骤增陡降。在蜜源良好时，蜂王产卵积极，蜂群繁殖速度快；在蜜源缺乏或不足时，育虫速度明显减慢；善于利用零星蜜源，节省饲料；泌浆力弱，王浆产量低；但分蜂性较强，不易保持强群；性情较温驯，不爱蜇人；不易迷巢，盗性弱；耐寒，越冬性能好。

（三）高加索蜂

高加索蜂体色与体表绒毛为深灰色，故又被称为"灰色高加索蜂"，属于黑体色蜂种。高加索蜂产育力强，育虫节律平缓，春季群势发展较慢，夏季蜜源充沛时蜂王的产卵力强，分蜂性弱，能够维持较大群势；性情温驯，不怕光，开箱检查时安静；盗性强；工蜂定向力差，易迷巢；工蜂采集力强，蜂蜜产量高；泌浆能力比较弱，王浆产量低，不适合作为蜂王浆生产蜂种；喜采树胶，蜂胶产量高。

（四）东北黑蜂

东北黑蜂是19世纪末和20世纪初由俄罗斯传入我国东北饲养，它是俄罗斯蜂（欧洲黑蜂的一个品系）和卡尼鄂拉蜂的过渡型，并混有高加索蜂和意大利蜂的血统，经过长期自然选择和人工选育，已经适应我国黑龙江省的气候特点和蜜粉源条件，主要分布于我国东北的北部地区，集中于黑龙江东北部的饶河、虎林一带。东北黑蜂是黑体色蜂种，个体大小及体形与卡蜂相似。东北黑蜂不怕光，开箱检查时比较安静；蜂王产卵力和工蜂哺育力强，春季育虫早，群势发展快；分蜂性弱，能维持强群；采集力强，既能利用椴树、毛水苏等大宗蜜源生产商品蜜，又能利用零星蜜源；耐寒，越冬性能优秀，在 $-40 \sim -50℃$ 低温环境能安全越冬，节省饲料；定向力强，不易迷巢，盗性弱；与意蜂相比，抗幼虫病，易患麻痹病和微孢子虫病。

（五）浆　蜂

　　浆蜂（浙江省培育的王浆高产蜂种的统称）是浙江省杭州、平湖等地蜂业工作者选用王浆产量高的蜂群作种群，经过长期定向选育，培育出的蜂种。它属于意大利蜂品种，但混入黑色蜂种的血统，属于黄体色蜂种。浆蜂最大特点是工蜂泌浆能力特别强，对产浆王台接受率高，泌浆多；不仅在蜜粉源充足时王浆产量高，而且在蜜源缺乏的季节，通过人工饲喂，也可进行王浆生产，产量不低。但浆蜂采集力稍逊色于意蜂或卡蜂，饲料消耗多。所以，此蜂种适宜追花夺蜜转地饲养，能够达到很高的王浆产量。在王浆价格较高时，定地人工饲喂，能获得较好的经济效益。浆蜂耐湿热，不耐寒，较容易染病；此外，浆蜂蜂王产卵力极强，且不受外界条件影响，蜂群易养成强群并保持强群。

（六）杂交种蜜蜂

20世纪80年代以来，中国农业科学院蜜蜂研究所和吉林省养蜂科学研究所等科研单位先后开展蜜蜂杂交育种工作，90年代初已育成几个杂交种蜜蜂在生产上推广应用，如国蜂213、国蜂414、黄山1号、白山5号、松丹1号、松丹2号等。

国蜂213、国蜂414、黄山1号是中国农业科学院蜜蜂研究所刘先蜀等培育的，其中，国蜂213是蜂蜜高产型杂交种，它是由两个高纯度的意蜂近交系和一个高纯度的卡蜂近交系组配而成的三交种，其蜂蜜和蜂王浆的平均单产分别比普通意蜂提高70%和10%；国蜂414是王浆高产型杂交种（其血统构成与国蜂213相似，但组配形式不同），其蜂王浆和蜂蜜平均单产分别比普通意蜂提高60%和20%；黄山1号是蜜、浆双高产型杂交种，它是由四个高纯度的意蜂近交系和一个高纯度的卡蜂近交系组配而成的特殊的三交种，其蜂王浆和蜂蜜平均单产分别比普通意蜂提高2倍和30%；中蜜1号（原北京1号）是蜂蜜高产，蜂王浆高品质，抗螨力强，适合我国大部分地区饲养的蜂种，中蜜1号蜜蜂配套系通过了国家畜禽遗传资源委员会审定，是我国自国家畜禽遗传资源委员会成立以来首个审定通过的蜜蜂配套系。

白山5号、松丹1号和松丹2号是吉林养蜂科学研究所葛凤晨等培育的，其中，白山 5 号是蜜浆兼产型杂交种，它是由两个卡蜂近交系和一个意蜂品系组配而成的三交种，其蜂蜜和蜂王浆平均单产分别比普通意蜂提高 30% 和 20%；松丹 1 号是蜂蜜高产型杂交种，是由两个卡蜂近交系和一个单交种蜜蜂组配而成的双交种，其蜂蜜和蜂王浆平均单产分别比普通意蜂提高 70% 和 10% 以上；松丹 2 号也是蜂蜜高产型杂交种，是由两个意蜂近交系和一个单交种蜜蜂组配而成的双交种，其蜂蜜和蜂王浆平均单产分别比普通意蜂提高 50% 和 20% 以上。

（七）中华蜜蜂

中华蜜蜂简称"中蜂"是我国土生土长的蜂种，我国大部分省、直辖市、自治区均有分布，尤其长江以南地区大量分布，是一种数量众多的蜂种资源。它属于蜜蜂属的东方蜜蜂，与蜜蜂属的西方蜜蜂（意大利蜂、卡尼鄂拉蜂等）是不同的蜂种，相互之间不能杂交。中蜂飞行敏捷，嗅觉灵敏，早出晚归，每天采集时间比意蜂多 1～3 小时，比较稳产；个体较耐低温，能采集冬季蜜源，如南方冬季的八叶五加、野桂花等；中蜂分蜂性强。不易维持大群，常因环境差、饲料短缺或被敌害侵袭而举群迁徙；它抗蜂螨、白垩病和美幼病，易被蜡螟危害，易患中囊病，泌浆少，不采胶，怕震动，不宜长途转地饲养。中蜂适合在我国广大农村、山区、林区定地副业饲养，它善于采集零星蜜源和节省饲料，因此饲养中蜂能获得很好的经济效益。

二、选择蜂种原则

养蜂需要优良蜂种。良种蜜蜂因具有繁殖力强、生产力高、抗逆性强等优点，是提高养蜂经济效益的捷径，也是最有效的增产措施之一。当前，我国饲养的西方蜜蜂和中华蜜蜂，由于长期不注重良种选择，已经明显制约养蜂效益的提高。养蜂场（户）应经常更换品质差的蜂种，持续饲养良种。良种选用的原则如下。

（一）具有良好的经济性能

良好的经济性能指蜂种具有较高的生产力和较强的抗逆性。蜂群的生产力是由蜂王的产卵力、工蜂的哺育力和工蜂的采集力等综合体现的，最终表现在蜂群的蜂蜜和蜂王浆等蜂产品的产量上。而抗逆性包括蜂群的抗病能力、越冬性能、度夏性能和护巢能力等。优秀的蜜蜂品种应该具有蜜浆产量高、不易染病或染病能很快自愈、护巢力强、越冬和度夏性能好等优点。品质优良的蜂种一般要叠加多个继箱进行生产。

（二）适合本地区蜜源和气候条件

蜜蜂有很明显的地域适应特性，每一个品种蜜蜂因原产地不同，有不同的生物学特性和生产性能。实践证明，只有因地制宜选用适合本地饲养的良种蜜蜂，才能大幅度增加蜂产品的产量。否则，有可能事与愿违。例如，采集力强又善于利用零星蜜源的卡尼鄂拉蜂，它原产于欧洲的阿尔卑斯山南部地区，那里的气候特点是冬季长而寒冷，夏季凉爽。因此，卡尼鄂拉蜂比较适合在我国西北、华北和东北南部地区饲养，能表现出好的生产性能；如果在华南地区饲养，由于越夏困难，常溃不成群，表现不出良好的生产性能。根据各地多年的生产实践，在我国东北和西北地区，适宜饲养高加索蜂、卡尼鄂拉蜂和东北黑蜂或者以这三种蜜蜂为母本杂交蜂。饲养这几种蜜蜂除蜂蜜高产外，还因耐寒而越冬表现良好。在长江流域和华南各省份，适宜饲养意大利蜂或以意大利蜂为母本的杂交组合，意大利蜂繁殖能力强，比较耐湿热，越夏性能好。在华北地区，适宜饲养意大利蜂、卡尼鄂拉蜂。

（三）与饲养方式相适应

目前，我国养蜂的生产方式大致有 4 种，即定地饲养、定地结合小转地饲养、小转地饲养和大转地饲养。

1. 定地饲养 长江以南山区适宜饲养中蜂，深山区树多林密，蜜源繁多，由于交通不便，养意蜂转场无法到达，而养中蜂则可就地不动，甚至可以做到就地取材，就地收蜂，就地设场。饲养中蜂能充分利用资源，将山区、林区的资源优势转化为经济效益。在长江以南平原地区，可饲养中蜂、意大利蜂或浆蜂（王浆高产蜂种）；在长江以北地区定地养蜂，可饲养意大利蜂、卡尼鄂拉蜂或中蜂；在西北和东北定地养蜂，可饲养卡尼鄂拉蜂、东北黑蜂、高加索蜂或杂交蜂种。

2. 定地结合小转地饲养和小转地饲养 适合饲养意大利蜂、卡尼鄂拉蜂、浆蜂或以它们为母本的杂交蜂。

3. 大转地饲养 适宜饲养意大利蜂、浆蜂、卡尼鄂拉蜂或以这些蜂为母本或父本的杂交蜂种。

三、选择蜂种的依据

了解选用蜂种的原则后，具体选择时可依据以下几方面进行选择。

（一）群体方面

首先，提脾看蜂群有无患病的迹象，看工蜂体色是否鲜亮，有无绒毛脱落油光发亮的病蜂；幼虫脾上有无幼虫病、白垩病病虫尸；巢门口有没有爬行或死亡的幼蜂。其次，蜂群群势是否强大，蜂是否多，脾上的蜜蜂是否密实并爬满。群势强大，巢脾上工蜂密实，预示该蜂群繁殖力好，抗病力强。

（二）蜂王方面

蜂王体色鲜艳，腹部修长，行动稳健。提脾检查，子脾的数量要多，各虫龄子脾比例正常，即卵：幼虫：蛹 =1：1.5：2；封盖子连成片，间插空房少（即子脾密实度高）。

（三）贮蜜和贮粉

同样环境下，巢内贮蜜贮粉多，巢脾上有较多的边角圈蜜；有充足的花粉圈或整（或半）张粉脾。贮蜜贮粉充足，表明蜂群采集力强或比较节省饲料。

（四）度夏或越冬

在南方要察看度夏后蜂群群势保全率，即蜂群度夏后群势削弱得多不多，削弱少表示度夏能力强，反之则弱。在北方，尤其是西北、东北地区应考察越冬蜂群死亡率和饲料消耗。同样越冬条件中，饲料消耗越少，蜜蜂死亡越少，表示该蜂种越冬性能越好，适合寒冷地区饲养。

第五章
养蜂机具

养蜂机具是从事养蜂的基本条件。配备了良好的、先进的蜂具设备，才能简化操作过程，提高劳动力生产率，生产优质蜂产品。养蜂机具可以购买，也可以自己制作。

一、蜂 箱

蜂箱是蜜蜂繁衍生息和生产蜂产品的基本用具。目前，养蜂生产上常用的蜂箱有两大结构类型，一类是重叠式蜂箱；另一类是横卧式蜂箱。通过向上叠加继箱扩大蜂巢的蜂箱称为叠加式蜂箱，有十框标准箱和十二框方形蜂箱等；采取侧向方式扩大蜂巢的蜂箱称为横卧式蜂箱，有十六框卧式箱。叠加式蜂箱符合蜜蜂向上贮蜜的习性，搬运方便，便于操作，适于规模化饲养。在我国，转地放蜂大多使用十框标准箱，而横卧式蜂箱适于定地养蜂使用。制造蜂箱的木材以杉木和红松为主。

按饲养蜂种划分，蜂箱有西方蜜蜂蜂箱和中华蜜蜂蜂箱两类。西方蜜蜂蜂箱常见的有郎式蜂箱、达旦式蜂箱、十二框方形蜂箱和十六框卧式蜂箱等；中华蜜蜂蜂箱有中蜂十框标准蜂箱、高亢式中蜂箱、从化式中蜂箱等。

（一）蜂箱结构

蜂箱是由巢框、箱体、箱盖、副盖、巢门挡等部件及隔板和闸板等附件构成。

1. 箱体 主要包括底箱和继箱。活底蜂箱的箱体与底板是分开的，使用时最下层的箱体叠放在活动底板之上；固定底蜂箱的最下层箱体与蜂箱的底板成为一体，构成固定底箱。我国基本采用固定底蜂箱，活底蜂箱在国外比较常见。最下层箱体又称之为巢箱，供蜜蜂繁殖。继箱叠加在巢箱上，用于扩大蜂巢。继箱的长和宽与巢箱相同，高度与巢箱相同的为深继箱，巢框通用，供蜂群繁殖或贮蜜；高度是巢箱一半的为浅继箱，其巢框高度约为巢箱的1/2，用于生产分离蜜、巢蜜或作饲料箱。

2. 箱盖 又称大盖、外盖。要求紧密，不漏水，轻巧牢固。在蜂箱的最上层，用于保护蜂巢免受烈日暴晒和风雨侵袭，并有助于蜂巢保持一定温度和湿度。

3. 副盖 又称子盖、内盖。常用木板盖或纱盖。它盖在箱体上，使箱体与箱盖之间更加严密，防止盗蜂侵入。我国普遍使用纱盖，纱盖在木条框上钉16～18目铁纱，有利于通风，蜂群转地尤为适用。

4. 巢门挡　是配合活底蜂箱使用的一种调节巢门的蜂箱部件，巢门挡上有大小不一的巢门结构，可以通过翻转改变巢门的大小。固定底蜂箱采用可启闭的巢门板，通过操纵巢门的小木块的启闭调节巢门。

5. 隔板　形状和大小与巢框基本相同，由木板制成，厚度10毫米。每个箱体配置1块，使用时悬挂在蜂箱内巢脾的外侧，可避免巢脾外露，减少蜂巢温湿度散失，还可避免蜜蜂在箱内多余的空间筑造赘脾。

6. 闸板　是蜂箱的重要附件之一，其形似隔板，但宽度和高度分别与巢箱内围长度与高度相同。用于将巢箱纵向隔成互不相通的两个或多个区域，以便同箱饲养两个或多个蜂群。

（二）常用蜂箱种类

1. 十框标准箱　又称郎式蜂箱，是世界上饲养西方蜜蜂使用最普遍的蜂箱。它是由10个巢框、箱体、箱底、巢门挡、副盖或纱盖、箱盖及隔板组成。需要时可在巢箱上加继箱。蜂群发展到8～10框时，叠加继箱，可以及时扩大蜂巢，充分发挥蜂王的产卵力，饲养强群。

巢箱和继箱都称为箱体，放在箱底的箱体叫巢箱，放在巢箱上面的箱体叫继箱。两种箱体的结构体积相同，内围长465毫米，宽380毫米，高243毫米。有的继箱高度是巢箱的1/2，称之为"浅继箱"。

2. 十二框方形蜂箱　又称苏式蜂箱。适于冬季较寒冷的地区使用，在我国东北和新疆地区较为流行。

十二框方形蜂箱巢脾中心距为 37.5 毫米，其框间蜂路为 12.5 毫米，前后蜂路和上蜂路均为 10 毫米，底箱的下蜂路为 20 毫米，继箱不设下蜂路。巢框的形状与郎式蜂箱相同，大小为 415 × 270 毫米，每个箱体可装 12 个巢框，相当于 15.6 个郎式巢框的面积。

蜂箱箱体用 25～45 毫米厚板材制作。底箱前壁中央距箱口 70 毫米处有一个直径为 25 毫米的上巢门，以增强箱内通风排湿，在冬季厚雪盖住下巢门时保证蜂箱内蜂群通气，防止外界冷空气侵入。箱体制成方形，在冬季巢脾可横向排列，构成暖式蜂巢，有利于箱内蜂群保温。箱盖有平顶盖和"人"字形盖，"人"字形箱盖前后盖框上分别开有一个圆形通气孔，在炎热的夏季可开启通气。蜂箱底板有固定底板和活动底板两种。当设计成活动底板时，所有的箱体可根据气候冷暖情况做 90° 旋转，当箱体旋转至箱内巢脾与巢门平行时就成为暖式蜂巢，有利于蜂群保温，当箱体转至箱内巢脾与巢门垂直时构成冷式蜂巢，有利于巢内通风降温。

3. 十六框卧式蜂箱 是我国养蜂者根据郎式蜂箱蜂路和巢框尺寸设计的一款横向增大的蜂箱，这种蜂箱多流行于我国东北和西北地区。

十六框卧式蜂箱巢框的形状、大小、箱内巢脾中心距和蜂路与郎式蜂箱相同，只是箱内巢脾增加到 16 个。箱正面有两个巢门，箱内可用闸板隔成两室，进行双群同箱饲养。侧向还开一个小门，供副群或换王时作交尾箱用。蜂箱底部有通风纱窗，采用纱副盖，箱盖上有通风窗，供转地放蜂用。与叠加式蜂箱相比，十六框卧式箱不需加继箱，给管理带来了一定方便，可以多个小群同箱饲养，小群之间可以互相保温，有利于越冬和春繁。采用这种蜂箱多群同箱饲养时容易出现蜜蜂偏集的现象，十六框卧式箱更适合于定地饲养。

4. 中蜂十框标准蜂箱 即 GB 3607—83 蜂箱，整套蜂箱包括巢箱、浅继箱、副盖、箱盖、巢框等。巢框内围 400 毫米×220 毫米，巢框间及巢框与箱壁间留有 7～10 毫米的蜂路，与箱底间留 14 毫米的空间，有利于防止巢虫危害。巢门有长形、方形、圆形三种。巢门板上有数个圆形洞孔，直径约 4 毫米，能阻止西方蜜蜂钻入。在发现西方蜜蜂盗取中蜂箱内的蜂蜜时，将蜂箱下面的巢门关闭，中蜂可以从圆洞出入。中蜂标准蜂箱，早春双群同箱繁殖，采蜜期使用单王和浅继箱。

5. 泡沫塑料复合材料蜂箱 是近些年兴起的一种创新型材料蜂箱。2006 年，土耳其首次推出新型全塑蜂箱，是以聚氨酯泡沫塑料做保温隔热层，以塑料做内外保护壳体的新型环保节能蜂箱。其保温隔热效果至少提高 5～10 倍。使用全塑蜂箱，人均饲养蜂群数量可增加 3～5 倍，减少蜂群饲料消耗，增加蜂蜜和花粉产量 30%～50%。

全塑蜂箱优点有：①环保、寿命长达 30 年；②优质的蜂产品生产环境：作为蜂产品的厨房，全部使用欧盟食品级塑料材料，所有接触蜂产品的部位达到食品级，从而保证产品的质量优级；③良好的通风性；④减少蜜蜂病虫害和蜂群内农药使用；⑤蜂箱结构改变养蜂模式，置顶饲喂器、内置脱粉器和活动巢框的使用，提高了养蜂生产效率，提升了蜂产品的质量，避免二次污染。

二、巢框与巢础

巢框和巢础都是养蜂的基本蜂具之一。

1. 巢框　以木材制作的为好，多为长方形，由上梁、下梁和两侧条构成。巢础是人工制造的蜜蜂巢房的房基片。一般采用蜂蜡压制而成，也有采用无毒塑料制作。使用时将其嵌装在巢框中，放在蜂箱内，让工蜂以其为基础用蜂蜡将房壁加高而修成完整的巢脾。

2. 巢础　巢础可分为意蜂巢础与中蜂巢础、工蜂巢础与雄蜂巢础、巢蜜巢础等。利用巢础造脾，蜜蜂造脾迅速，造出的巢脾平整，雄蜂房少。

三、生产工具

（一）取蜜工具

1. 分蜜机　又叫"摇蜜机"，是现代养蜂取蜜的必备工具。有弦式分蜜机和辐射式分蜜机等。

（1）弦式分蜜机　分蜜机中巢脾平面与分蜜机桶呈弦状排列。目前，我国大多使用两框固定弦式分蜜机，特点是结构简单，造价低，体积小，便于携带。但每次仅能放 2 张脾，需要翻面，效率低。

（2）**辐射式分蜜机**　分蜜机中巢脾的平面沿桶半径方向排列。比弦式分蜜机容纳的巢脾多，巢脾不容易破损，采用电机驱动。多用于大型养蜂场。

2. 蜂扫　从蜂箱内提取蜜脾时用于扫除脾面上附着蜜蜂的工具。常用白马尾毛和马鬃毛制作蜂扫。

3. 割蜜刀　用于切除封盖蜜脾上的封盖蜡房，采用不锈钢制成，要求刀片要薄而锋利，有普通割蜜刀和电热式割蜜刀。

4. 滤蜜器　用于分离和除去所摇蜂蜜中的蜂蜡等杂质，多用网孔 50 目以下尼龙或不锈钢纱网制成。

（二）产浆工具

1. 台基条　采用无毒塑料制作，条上的台基有圆柱形和坛形等形状。普遍使用的台基条上有 33 个台基。

2. 王浆框　是用来安装台基条的框架，多用杉木制成。每个产浆框上绑扎 3 条或 4 条人工台基。

3. 移虫笔　将工蜂巢房的适龄幼虫移入台基育王或产浆的工具。

4. 刮浆板　由刮浆舌片和笔柄组装构成。刮浆舌片采用韧性较好的塑料或橡胶片制成，呈平铲状，可更换；笔柄采用硬质材料制成，长度 10 厘米。

5. 镊子　不锈钢制成，用于将王台中的幼虫取出。

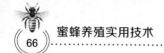

（三）脱粉工具

生产蜂花粉通常采用花粉截留器（又叫脱粉器）。它安装在巢门前，携带花粉团的工蜂回巢穿过截留器时，其后足上携带的花粉团被刮落到集粉器中。

（四）采胶工具

1. 尼龙纱网　通常采用 40～60 目的无毒尼龙纱网取胶，置于副盖下或覆布下。

2. 塑料采胶器　一方面当副盖使用，另一方面可积聚蜂胶。

使用尼龙纱网或塑料采胶器，一次采胶在 100 克左右。

四、饲养管理工具

蜜蜂饲养管理工具是科学高效养蜂不可缺少的辅助工具。按照其用途可分为防护类、镇蜂类、饲喂类、隔王类、防盗类和放蜂篷屋类等。

（一）防护工具

防护工具主要包括蜂帽、养蜂防护服（含蜂帽、面网）和防蜇手套，用于日常蜂群管理和生产蜂产品，养蜂人接触蜂群时避免被蜜蜂蜇刺。

（二）喷烟器

喷烟器是驯服蜜蜂的有效工具，从而便于养蜂人进行养蜂操作。

（三）饲喂工具

主要包括巢门饲喂器、巢内饲喂器。对蜂群进行奖励或补足饲喂时使用。

（四）隔王工具

主要包括隔王板、王笼、蜂王产卵控制器等。

1. 隔王板 分为平框隔王板和平面隔王板 2 种，是饲养双王群或生产王浆季节用来限制蜂王活动空间的器具。

2. 王笼 分为竹塑王笼和铁纱王笼，在断子治螨和换王时，常用来囚禁蜂王和介绍蜂王。

3. 蜂王产卵控制器 用于囚禁蜂王，其空间较大，蜂王在控制器内仍能产卵和正常活动。

（五）其他常用工具

1. 起刮刀 养蜂必备工具之一，用于撬开被蜂胶粘连的副盖、继箱、隔王板、巢脾，铲除赘脾，刮取蜂胶及清除箱底蜡屑等。

2. 埋线器 是将巢框的穿线嵌入蜡质巢础的工具，经埋线后可增强巢框对巢础的支撑。有齿轮埋线器、烙铁埋线器和电热埋线器 3 种。

第六章
蜂群饲养管理技术

一、蜂群日常管理

（一）蜂群检查

1. 箱外观察 箱外观察是蜂群检查的有效方法。每天抽出少量时间，围着蜂场转一圈，便可以掌握蜂群的大概情况，以便安排工作，可以节省检查时间。早春和晚秋不适合开箱检查蜂群，箱外观察显得尤为重要。多做箱外观察，少开箱检查，最低限度干扰蜂群正常生活，使蜂群加快繁殖，增加蜂产品产量。

初春气温低，开箱检查蜂群会降低蜂巢温度。只要看到蜜蜂正常采粉、采水，说明蜂王产子正常，蜂群正常发展。如果采集蜂出巢少，采粉和采水的工蜂也很少，说明蜂王产子较差，必须开箱检查，更换蜂王。如果发现拖子，甚至巢门口有昏迷的蜜蜂，说明是缺蜜，需要赶紧补充饲喂。

流蜜期间，只要看到采集蜂往返繁忙，回巢蜜蜂大腹便便，透明发亮，有些回巢蜂纷纷落到巢门前的地上，休息一阵后慢慢爬进蜂巢，蜂场上空响着嗡嗡声，空气中飘着浓浓的蜜香，表明已经进入大流蜜期，可以准备工具摇蜜了。反之，蜜源植物流蜜较差，收成可能不佳。

晚秋时节，蜜源缺乏，开箱检查容易引起盗蜂，只要观察蜂群活动正常，尽量少开箱检查。若是发现巢门前有蜜蜂打斗，而且有斗杀的死蜂，说明是被盗群；有的蜂群蜜蜂早出晚归，特别忙碌，没有蜜源，回巢蜂腹部膨大，透明发亮，说明这是作盗群。需要及时采取防盗措施，制止盗蜂。

冬季，蜂群越冬很少活动。个别蜂群不论气温高低，不断有蜂出动，巢门前地面上有刚死去的蜜蜂，腹部干瘪，搬起蜂箱很轻，可能是箱内缺蜜，需要抓紧时间补喂。若发现巢门外有碎蜂尸，表明有鼠害。

通过箱外观察还可以掌握外界蜜源植物的情况。初春发现有榆树、杨树花粉采进蜂巢，便是早春蜜源植物开花了。看到黄色花粉而且颗粒较大，粉又多，是柳树开花，可停止补喂花粉。某种蜜源植物开花期间，只要看到蜜蜂采蜜繁忙，腹部膨大，纷纷回巢，是大流蜜；若是蜜蜂出勤渐少，上蜜较差，便是到了流蜜末期；某种蜜源植物仍在开花，但蜜蜂出勤很差，一定是蜜源植物流蜜结束。如果看到一种没有见过的花粉，则是一种新的蜜源植物。

通过箱外观察还可以了解到蜂群许多情况，比如蜂群强弱、群内蜂王情况、是否发生分蜂等。如果天气较好，外界蜜源好，工蜂大量出勤，蜂声有力，傍晚巢门外有大量蜜蜂，说明群势强大；反之，就是弱群。有的蜂群在流蜜期出勤差，消极怠工，有的蜂在巢门口来回爬行，抖动双翅，显得慌乱焦急，是失王征兆。在处女王试飞、交尾期，如果看到尾部拖着一条白线，便是交尾成功，不用再开箱检查，只需 3 天后检查是否产子即可。蜜源较好时，有的强群出勤较差，并有大量工蜂在巢门前形成"蜂胡子"，是分蜂前兆。5～6 月是分蜂季节，在上午 10 时至下午 3 时，如果看到蜂箱门口有流水似的蜜蜂出巢，并在蜂场上空盘旋飞行，像一团黑色的云团，表明正在分蜂。需要及时关闭巢门，揭开覆布，向箱内洒水，使蜂群安定下来，若蜂王没有出巢，待会飞出的蜂会自动回巢，否则就要等结团后收捕。

许多蜂病也可以通过箱外观察得知，像白垩病可以通过箱外干蜂尸体诊断。巢门前有白色或黑色的石灰质豆瓣大颗粒，表明发生了白垩病。如果发现箱前有残翅幼蜂爬行，表明有蜂螨危害。有的蜜蜂在地上旋转不能飞起，刚死去的蜜蜂双翅展开，吻伸出，是中毒现象。爬蜂、副伤寒、消化不良等也能用箱外观察辅助诊断。蜜蜂敌害主要靠箱外观察和巡视发现，如胡蜂、蟾蜍、蜘蛛等。

2. 开箱观察　开箱就是打开蜂箱的箱盖和副盖，提出巢脾以便进行检查和其他管理的操作过程。开箱观察是蜂群饲养管理中最基本的操作技术，如蜂群检查、饲喂、取蜜产浆、人工分群、防螨治病等都需要开箱才能完成。如果开箱操作不当，对蜂子发育、巢温、蜂群正常生活等均有较大的干扰，操作者也有被蜜蜂蜇伤的危险。为避免开箱操作对蜂群和养蜂生产造成不良影响，开箱时必须选择合适的时间和进行规范操作。

（1）**开箱准备**　为尽量减少开箱操作对蜂群的不良影响，缩短开箱时间，减少蜜蜂蜇刺。开箱前应明确开箱目的和操作步骤，做好防蜇保护，备齐工具和用具。

开箱目的决定开箱操作方法。例如：继箱群全面检查须从巢箱开始，由隔板起逐脾提出观察；局部检查蜂子发育，则需在育子区中部提脾观察；取浆框，只需打开箱盖和副盖提出浆框即可。如果开箱前未明确目的和操作步骤，打开箱盖和副盖后再考虑如何操作或进行不必要的操作，都将延长开箱时间。

开箱时应随身携带起刮刀、蜂刷、喷烟器或小型喷雾器等常用开箱工具。喷烟器应预先点燃，喷雾器应灌满清水。如开箱时还需进行其他工作，如检查蜂群、割除雄蜂脾、加脾或加础、蜂群饲喂、上继箱等，还需相应准备好检查记录本、定群表、割蜜刀、巢脾或巢础框、蜜蜂饲料及饲喂器、继箱及隔王栅等。

开箱前还应充分做好防护准备工作，穿上浅色布料工作服，戴上蜂帽面网，为防蜜蜂从操作者袖口或裤脚进入衣裤内，应戴好防护套袖和扎紧裤脚。

（2）**开箱操作**　在蜂场，任何人都不宜在蜂箱前3米以内处长时间停留，以免影响蜜蜂的正常出入。开箱者只能站在箱侧或箱后，当开箱者接近蜂群时，要置身于蜂箱的侧面，尽量背对太阳，便于观察房内卵虫发育情况。

箱盖轻捷打开后可置于蜂箱后面或倚靠在箱壁旁侧，然后手持起刮刀，轻轻撬动副盖。对于凶暴好蜇的蜂群，可用点燃的喷烟器，从揭开箱盖的缝隙或直接从纱盖上方对准巢框上梁喷烟少许，再盖上副盖。待驯服蜂群后，将副盖揭起，反搁放在巢箱前。副盖的一端搭放在巢门踏板前端，使副盖上的蜜蜂沿副盖斜面向上爬进蜂箱。如果蜂群温驯则不必喷烟。在天气炎热的季节开箱，可用喷雾器向蜂箱内喷雾替代喷烟，具有加湿降温作用，效果更好。

打开蜂箱箱盖和副盖后，操作者可用双手轻稳接近蜂箱前后两端，将隔板缓缓向边脾外侧推移，然后用起刮刀依次插入近框脾间蜂路，轻轻撬动巢框，分离框耳与箱体沟槽粘连的蜂胶，以便提出巢脾。

一般情况下，提出的巢脾应尽量保持脾面与地面垂直，以防强度不够使过重新子脾或新蜜脾断裂，以及花粉团和新采集来的稀薄蜜汁从巢房中掉出。若两面巢脾都要察看，先看巢脾正面，再翻转巢脾看另一面，先将水平巢脾上梁竖起，使其与地面垂直，再以上梁为轴，将巢脾向外转动半圈，然后将捏住上梁框耳的双手放平，巢脾下梁向上。操作时，应始终保持巢脾的脾面与地面垂直。全部查看完毕后，再按上述相反顺序恢复到提脾的初始状态。

另一种提脾查看方法是：提出巢脾后先看面对视线

的一面，然后将巢脾放低，巢脾上部略向前倾斜，从脾的上方向脾的另一面查看。有经验的养蜂人员常用此法快速检查蜂群。

开箱后，可按正常脾间蜂路（8～10毫米），迅速将各巢脾和隔板按原来位置靠拢，然后盖好副盖和箱盖。恢复时，应特别注意不能挤压蜜蜂，经常挤压蜂群，往往会使蜂群变得凶暴，难以管理。将巢脾放回蜂箱中和盖上副盖时，应特别注意巢脾框耳下面、箱体沟槽处以及副盖与箱壁上方，蜂箱的这些位置最易压死蜜蜂。如果要先开继箱蜂群的巢箱，可将箱盖揭开后，翻过来平放于箱后。用起刮刀撬动继箱与平面隔王栅或巢箱的连接处，分开粘连的蜂胶，然后搬下继箱，置于翻过来的箱盖上。恢复时，要小心避免压死继箱下面的蜜蜂。

（二）巢脾修造及保存

1. 巢脾修造　巢脾是蜜蜂栖息的地方，新脾巢房大，贮蜜不受污染，病虫害也少。因此饲养意大利蜂或卡尼鄂拉蜂，每两年更换一次巢脾，饲养中蜂应每年更换。

（1）镶装巢础　包括钉框、打孔、拉线、上础、埋线5个步骤。

①钉框　用小钉子从巢框上梁的上方将上梁与侧条固定，并在侧条上端钉入铁钉加固，最后用铁钉固定下梁与侧条。为了提高效率，可用模具固定巢框。巢框应结实，上梁、下梁和侧条保持在同一平面上。

②打孔　用量眼尺卡住侧条，在侧条上钻3～4个

等距离的小孔。

③拉线　使用24号铁丝，先将一头固定在侧条上，顺着巢框侧条的小孔来回穿3～4道铁丝，用手钳拉紧铁丝，直到每根铁丝用手弹拨发出清脆的声音，最后将这一端用铁钉固定在侧条上。

④上础　将巢础放在拉好线的巢框上，将巢础的一边插入巢框上梁的凹槽中，使巢框中间的两根铁线位于巢础的同一面，上下两根铁线处于巢础的另一面。然后用熔蜡壶沿沟槽浇入少许蜡液，使巢础与框梁粘牢固。

⑤埋线　将巢础框平放在埋线板上，从中间开始，用埋线器压住铁丝向前移动，将每根铁丝埋入巢础中央。埋线时用力要适度，既要将铁丝与巢础粘牢，又要避免压断巢。

（2）造脾　造脾蜂群应保持蜂多于脾或蜂脾相称，巢内饲料充足，在外界蜜源缺乏时必须饲喂糖浆。傍晚将巢础框加在蜜粉脾与子脾之间，或边脾的位置，一次加1张。加多张时，与原有巢脾间隔放置。

加础后第二天检查造脾情况，发现变形、坠裂和脱线的巢脾，及时抽出淘汰。或矫正后放到新王群进行修补。

2. 巢脾保存　从蜂群抽出不使用的巢脾，如果保管不当，会发霉，被巢虫咬毁或招引盗蜂和鼠害。巢脾应保存在干燥清洁的地方，存放地点及周围不能贮存农药。

（1）**巢脾分类**　巢脾应该分类存放，需要贮存的巢脾可分为蜜脾、粉脾和空脾三大类。空脾主要用于蜂王产卵和贮蜜，新旧程度可以根据颜色判断，颜色越深越旧。浅褐色脾、褐色脾、深褐色脾分箱放置并注明。旧巢脾、破损巢脾、变形巢脾和雄蜂房过多的脾不宜保留；蜜脾分为全蜜脾和半蜜脾；粉脾也分为全粉脾和半粉脾或蜜粉混合脾，也应分箱保管。

（2）巢脾熏蒸

①硫黄熏蒸 底层放置一个有巢门挡的空巢箱，上面摞4～5层装有巢脾的继箱，盖上箱盖，糊严蜂箱缝隙。取下巢门挡，将几小块燃烧的木炭放在瓦片上，撒上硫黄粉，每继箱巢脾用3～5克。硫黄燃烧产生二氧化硫能杀死巢虫幼虫和蜡螟成虫，但不能杀死蜡螟卵和蛹，所以每隔10～15天熏蒸1次，连续熏蒸3次。

②冰醋酸熏蒸 在蜂箱上摞4～5层继箱巢脾，每箱放9张脾，糊严箱缝。98%的冰醋酸对蜡螟卵、蛹有杀伤力，每箱20毫升用量，将药液滴在吸水性强的纸或棉布上，放置在框梁上，盖上箱盖，密封即可。

（三）蜂群合并

蜂群合并是饲养管理中经常进行的一项工作。早春开繁，要将2个或2个以上弱群合并为一个标准的繁殖群；大蜜源前，要将2～3群势不达标的蜂群合并为一个强大的采蜜群；蜂群越冬或度夏之前，要将几个弱群合并为一个5～7框的越冬群，保证蜂群安全越冬；若是蜂群失王，无富余蜂王诱入，也无成熟王台介入，就要将无王群并入有王群中。

1. 蜂群合并注意事项 蜂群合并原则上是将弱群并

入强群，无王群并入有王群。蜜蜂具有很强的认巢能力，将2群蜂或几群蜂合并后，蜂箱位置变迁，被并群蜜蜂仍会飞回原址，因此最好是相邻蜂群间合并。合并前，必须仔细检查被并蜂群，确保无蜂王和王台。合并蜂群宜在傍晚进行，这时大部分蜜蜂已经回巢，而且没有盗蜂侵扰，便于操作。为了确保蜂王安全，可将蜂王扣入王笼，待合并成功后再放出。对于失王时间过长、巢内老蜂多、子脾少的蜂群，合并之前应先补充1～2框未封盖子脾，或是将其分散与几个蜂群合并。

2. 蜂群合并方法　有直接合并和间接合并两种。

（1）**直接合并**　适用于大流蜜期，或是从越冬室刚搬出来没有经过爽身飞翔的蜂群。合并时，将有王群的巢脾调整到蜂箱的一侧，将被并蜂群的巢脾带蜂放入蜂箱的另一侧，两群巢脾的间隔距离可根据蜜蜂警觉的强弱调节，通常为1张脾的距离，或距离拉得大些，也可加隔板隔开。蜂群合并时，可朝箱内喷烟或稀薄的蜜水，或给蜂群喷少许白酒，混淆两群气味。次日，蜂群气味混合后，就可将两侧巢脾靠拢。

（2）**间接合并**　适用于非流蜜期和失王过久、巢内老蜂多而子脾少的蜂群。做法是：打开有王群的箱盖和副盖，将一张扎有小孔的报纸盖在巢箱上，上面放一空继箱，然后将无王群的巢脾放在继箱内，盖好箱盖即可。半天至1天后，蜜蜂将报纸咬破，群味自然混合，可撤掉报纸，整理蜂巢。

（四）人工分蜂

人工分蜂又叫人工分群，它是增加蜂群数量的重要手段，也是防治自然分蜂的一项有效措施。人工分蜂要在气温适宜、蜂群强壮、外界蜜粉源充足时进行。在分蜂前，选择繁殖快、产量高、抗病力强、温驯的蜂群，培育一批蜂王。同时准备好足够的蜂箱、巢脾和巢础框。人工分蜂方法有均等分蜂、多量分蜂和混合分蜂等。

1. 均等分蜂　就是将一个蜂群按等量的蜜蜂、子脾和蜜粉脾等分为两群。通常在外界蜜源植物大流蜜前 40～50 天，将原群的蜂箱移开，将一个空蜂箱放在原箱址的另一侧，中间空出一个箱体宽的距离，然后从原群中提出一半带蜂的子脾和蜜粉脾，放在空箱内形成一个无王群，24 小时后诱入 1 只产卵王。分蜂后若发生偏集现象，可将蜂多的一箱向外移出一些，离原群稍远位置，或将蜂少的蜂群向里靠些，均衡两群群势。

2. 多量分蜂　将一群蜂分成多个小群，每小群只有 1 框蜜粉脾、1～2 框子脾和 2 脾蜂，甚至更少，主要在需要大量繁殖蜂群时使用。分蜂后，老王留在原箱，其余的小群分散到离原地 2 千米远的地方，24 小时后给每个小群诱入 1 只处女王。各小群的处女王交尾成功后便可发展成为一个新群。

3. 混合分蜂　在大流蜜前，有计划地加强饲养管理，使蜂群势强大，然后从多个蜂群中抽出 1～2 框带蜂的封盖子脾，混合组成每群有 4～6 框带蜂子脾的新分群，24 小时后诱入 1 只产卵蜂王或介入成熟王台。需要注意的是，混合分蜂法容易传播蜂病，患病蜂群不宜进行混合分蜂。

（五）蜂王诱入

蜂王诱入是在给新分群和失王群介绍蜂王，或给有王群换王时采用的措施，应根据气候、蜜源条件以及蜂群内部情况，确保诱入蜂王的安全。蜂王诱入的方法如下。

1. 直接诱入法 当外界蜜粉源条件充足，工蜂忙于采集，警戒较松时，将被介绍的蜂王从原群中带脾提出，同时在无王群中也提出 1 张幼蜂较多的子脾，将 2 张脾放在同一侧，使上梁或下梁挨在一起，然后，小心将蜂王从原脾上赶入无王群的子脾上，观察 1～2 分钟，待蜂王安定后将脾放回箱中。

将被介绍的蜂王用水或蜜沾湿，从巢框上梁放入无王群中，一般容易介绍成功。但此时不要急于开箱检查，过 2～3 日蜂王产卵后再进行检查。

在蜜蜂正常采集飞翔时，从介绍的无王群里提出 2～3 张脾，将蜂抖落于巢门踏板上，然后将蜂王轻轻地放入涌向巢门的蜂流中，使其蒙混过关进入蜂巢。

2. 间接诱入法

（1）**利用王笼介绍蜂王** 此法缺点是蜂王装在笼内，

停止产卵，腹部收缩，蜂群接受较慢；优点是蜂王比较安全，不易受伤。具体方法：将被介绍的蜂王（带几只幼蜂）装入王笼内放入应介绍的蜂群子脾中，过1～2天观察王笼周围工蜂的表现，若工蜂不围王并在笼外饲喂蜂王，便可以打开王笼让蜂王爬出。若是工蜂围住王笼，表现出激怒情绪，千万不可放出蜂王。此时，应检查蜂群内是否还有王台或蜂王，过2天再观察，直到工蜂情绪稳定才可放王。

（2）利用蜂王诱入器介绍蜂王　此方法安全可靠，蜂王照常产卵，容易被工蜂接受。罩式诱入器是用铁纱做王笼，一面是敞口的。介绍蜂王时用此诱入器，将蜂王带几只幼蜂扣在既有蜜房又有空房的巢脾中间，诱入器下口的周围要扣到巢房底部，防止工蜂咬破巢房钻进诱入器。蜂王被罩在巢脾上，诱入器内工蜂继续饲喂并且蜂王产卵，王笼外工蜂不围住王笼，且有工蜂饲喂，表示蜂王已被接受时，再打开诱入器让工蜂随意串通，此时便可撤去诱入器。

（3）全框诱入器介绍蜂王　全框诱入器是用铁纱制作的能够容纳1张巢脾的长扁式蜂笼。介绍蜂王时，应将蜂王连同1张既有蜜粉又有空房的巢脾带蜂全部放进诱入器，关严巢门。然后，将诱入器放在应介绍蜂王的蜂群内子脾之间。蜂王既有工蜂饲喂又有巢脾，可正常产卵。过2～3天后观察工蜂表现，便可将巢脾和蜂王从诱入器中提出来放在原位置，1～2天后再调整蜂群。

二、蜂群四季饲养管理

（一）春季饲养管理

蜂群春繁期是蜂群管理中最主要、最复杂的一个阶段。早春气温低且不稳定，如果管理不当，容易发生蜜蜂孢子虫病、麻痹病、欧洲幼虫腐臭病、囊状幼虫病、蜜蜂蛹病等。我国各地气候、蜜粉源不同，蜂群群势差别，蜂王质量不同，因而早春蜂群恢复活动以及蜂王产卵的时间也不同。一般情况下，华南地区冬季较暖和，蜂王在11～12月便进入繁殖期；长江中下游地区，蜂王在立春前后开始产卵；北方蜂群越冬期较长，蜂王在2月底至3月初开始产卵。春季做好繁殖工作，将为全年养蜂生产奠定好的开局，所以养蜂者要抓好春季管理，必须重视早春期、繁殖期两个重要阶段的管理。

1. 早春管理阶段

（1）**观察蜜蜂飞翔排泄** 越冬正常的蜜蜂，冬季不在蜂箱内排泄，粪便积存在后肠，早春外界温度适宜时，进行飞行排泄。立春后，在天气晴暖的情况下，蜜蜂连续排泄2～3次，在第一次排泄前，要用铁勾从巢门掏出死蜂。养蜂者要根据蜜蜂飞翔排泄的活动和表现，对蜂群越冬情况做出判断：①蜜蜂肚子膨胀，爬到巢前的踏板上排泄，表明越冬饲料不良和环境潮湿；②蜜蜂出箱迟缓，飞翔蜂少，而且飞得无精打采，表明群势弱，蜂数少；③从巢门出来的蜜蜂毫无秩序地在箱上乱爬，像是在寻找什么似的，如靠近箱侧，可听到箱内有混乱声，表明群内失王。要将不正常的蜂群做上记号。

（2）**全面检查蜂群并及时管理**　在蜂群排泄时期，要利用良好天气的有利时机，晴天背阴处，气温不低于14℃时，一般在上午10时至下午3时对蜂群做全面检查。检查时，动作要轻、稳、快，避免冻死蜜蜂和震落蜂王。检查蜂群的主要目的是查看饲料是否短缺，有无失王，是否存在严重偏集现象（即一些蜂群蜂数特别多，而一些蜂群蜂数又特别少）。检查后记录在案，以便隔日进行处理。

对贮蜜不够的蜂群要补入蜜脾；对失王群要将其并入有王群；对偏集严重的蜂群，可直接抽出蜂脾（或补入蜂脾）进行调整，使各个蜂群群势基本均衡。结合全面检查，清除箱底的死蜂、蜡屑、下痢斑点和霉迹，特别是越冬不顺利的蜂群，箱底会堆积很多发霉的死蜂，这些死蜂可能会成为传染病的来源。快速检查时，应清扫箱底，避免蜜蜂将死蜂和蜡渣搬出，扔得到处都是；扫出的死蜂，要拣出其中的蜡渣，将死蜂焚烧掉，蜡渣化蜡。

（3）**早春蜂王提早产卵和控制蜂群空飞**　早春蜂王提早产卵对蜂群弊多利少，为了控制蜂王提早产卵和控制蜂群做无益的飞翔活动，在检查蜂群的同时，可顺便用王笼将蜂王两次囚禁起来，挂于蜂箱中央，同时将蜂路拉宽至1.5厘米，开大巢门，减少蜂箱内部分保温物，对蜂箱进行遮阴，使蜂群继续安静结团，以达到延长越冬工蜂寿命、保存越冬蜂群实力的目的。

（4）**蜂群保温**　早春夜间气温常降到0℃以下，与育虫区温度相差悬殊。虽通过密集群势后，蜂群自身保温能力有所加强，但气温高时，蜂群子圈扩大，寒潮来临，蜂群护不住脾，就会冻坏子脾。早春蜂群的保温工作甚为重要。蜂群应摆放在地势高燥、背风向阳的地方，可2~3群一组并列或成排摆放，这样既有利于蜂群间的相互保温，又节省蜂群保温的包装材料。蜂群保温的方法有箱内和箱外保温及巢门调节等。

（5）**蜂巢紧脾**　紧脾是将巢内多余的脾取出或换上合适的巢脾，使蜂多于脾。蜂群紧脾时间多在第一个蜜粉源花期前20~30天。南方的转地蜂群经过北方半越冬休整后，可在1月初紧脾。南方定地饲养的蜂群在1月底紧脾；江苏、安徽、山东、河南、河北、陕西关中等地的蜂群2月份紧脾；内蒙古、吉林、辽宁等地的蜂群3月份紧脾；黑龙江的蜂群则在4月初紧脾。

（6）**蜂巢消毒及除螨**　在晴暖无风天气，先准备好用硫黄熏蒸消毒过的粉蜜脾，清理并用火焰消毒过的蜂箱换下越冬蜂箱，减少疾病发生和控制螨害。搬开蜂箱，放一个清理消毒过的空箱，箱底撒少许升华硫，每框蜂用量0.5~1克，再放入适当数量的巢脾。将原巢脾提出，将蜂抖入新箱内，消灭蜂体上的蜂螨。旧蜂箱去除死蜂、下痢斑点、霉点等污物，用喷灯消毒后再换给下一群蜜蜂。蜂群早春恢复初期是防治蜂螨的好时机。治螨前，先对蜂群奖励饲喂，然后将杀螨药均匀喷洒在蜂体上。对于蜂群内少量的封盖子，需割开房盖用硫黄熏蒸。彻底治螨后，无论封盖子有多少都不能保留，一律提出割盖熏蒸。

2. 春繁阶段主要管理措施

（1）**紧脾放王**　3月初全场再调整（平衡）一次蜂群，每群蜂群势要达到5框蜂以上，3～4框的蜂群或拆群合并，或组织双王同箱繁殖；2框以下蜂群要坚决合并。每群蜂只放4张巢脾，其中1张粉蜜脾、1张半蜜脾、2张产卵用脾。调整好后，将蜂群置于蜂箱中央，两侧放隔板后空隙处加保温物保温，覆布上加棉垫或毛毡片，蜂箱四周恢复稻草包装，加强保温。

（2）**饲喂粉蜜**　调整蜂群后即开始不断饲喂粉蜜。先喂花粉，喂3天花粉后开始喂糖浆。喂花粉可用贮备的天然花粉对蜜水制成"花粉饼"，贴在上框梁上饲喂，也可搁在饲喂器内放在边脾位置任蜂取食。前期每次少喂，待蜜蜂吃净后再喂，直至外界有大量天然花粉采进巢为止。前期饲喂糖浆应用巢门饲喂器饲喂，后期天气暖和后改箱内饲喂，每次每群喂糖水（1∶1）300～500毫升。从紧脾开始不间断地饲喂，直至外界有大量花蜜采入或春繁结束。

（3）**加巢脾扩大蜂巢**　3月中旬，当蜂群内的子脾面积达到巢脾总面积的七成以上，并且有60%为封盖子时，可以加巢脾扩大蜂巢。起初3～4天加1张空脾，群势扩大，蜂群密集，气温升高之后，可一次加2张，直至加满整个巢箱。其后，全场蜂群用封盖的老子脾进行强弱调整，让全场蜂群均衡发展。待全场所有蜂群都繁殖到满巢箱后，再加上继箱继续扩巢繁殖，进一步增强蜂群的群势，力争用强群迎接采蜜期到来。

（4）生产蜂王浆和防止发生分蜂热 4月底当群势繁殖至满巢箱时，即可提前着手生产蜂王浆；每群蜂先下1个产浆框，待蜂群加上继箱后，可酌情下2个产浆框；提早生产蜂王浆，不仅可增加收入，而且能预防蜂群发生分蜂热。与此同时，在外界蜜粉充足时，可加巢础修造新脾扩巢，并去除箱内外所有保温物。

（5）培育新王，适量分蜂，为下一个主要蜜源准备新王采蜜群 一般每年4～5月份蜂群都进入春繁的鼎盛期，这时无论是否进入采油菜、刺槐花蜜期，蜂群都要适量培育一批新王，分出一批新王群，数量以每3群蜂分出1群为准，不可多分。否则，有可能因分散采集力，影响第一个蜜源的产蜜量。新王产卵2周后，要及时从强群抽调老封盖子脾补充，使它能在下一个蜜源花期前快速壮大起来，成为生产蜂群（采蜜群）。

（6）防止花粉压缩子圈 当蜂群发展到一定群势，外界蜜粉源丰富时，蜂群采集大量的花粉，蜂巢内许多巢脾上都贮满花粉，蜂王产卵空间缩小，子脾面积减少，就会影响蜂群的正常繁殖。这个时候，可在巢门口安置脱粉器，减少蜂群进粉量。如果蜂群出现粉压子，可将整花粉脾提出，原位置加入空脾，让蜜蜂继续存粉。提出的花粉脾集中妥善保存，留待缺粉季节使用。根据蜂王喜欢在新脾上产卵而蜂群不喜欢在新脾上贮粉的特性，可有计划地给蜂群加础造脾，繁殖区多用新巢脾。

（二）夏季饲养管理

我国南北方温差大，温度的差异带来植物花期也存在较大差别，通常南方春暖早花开也早，蜜蜂春繁期也早，进入生产期也早；而越往北，进入生产期也越晚。在华南、西南地区，每年2月下旬，蜂群就进入生产期，而长江中下游地区要到4月中下旬才进入生产期，华北地区要到5月份，西北、东北地区则要到6～7月。因此，华北、西北和东北地区夏季是主要的养蜂生产季节，而华南、西南及长江中下游地区越夏是周年养蜂最困难的时期。

1. 夏季生产期饲养管理 虽然我国北方各地进入生产期的时间不同，但生产期前和进入生产期中的各项管理工作大体相同。从提高经济效益角度要求，进入生产期的蜂群的群势必须十分强大，而且必须使蜂群一直保持强群，群势不削弱。为了达到上述要求，必须注意以下一些问题，采取相应的管理措施。

（1）生产期在抓蜜、浆生产的同时要兼顾繁殖工作。多年养蜂的人都知道，蜜源植物大流蜜期间，蜜蜂的采蜜和蜂群的繁殖是一对矛盾，因为蜜蜂在花期积极采蜜时，总会占用过多的巢房用于酿蜜和贮蜜，这就必然使蜂王产卵空间减少，从而影响蜂群的正常繁殖，造成采蜜期过后群势大幅削弱，严重影响下一个花期的产蜜量。

为了防止这种采蜜量陡降现象发生，必须在生产期兼顾采蜜和繁殖，那么要如何做到兼顾呢？

第一，注意培育采集主要蜜源花期的适龄蜂。首先要掌握好主要蜜源的开花泌蜜时间，在主蜜源开花期的前50天至开花结束前35天这段时间内，千方百计地为蜂群创造良好的繁殖条件，促使蜂王多产卵，工蜂多哺育幼虫。主要方法有：①事先用一些小蜂群贮备一些良好的产卵王，适时换入繁殖群；②繁殖期前准备大量优质产卵用巢脾，到时每隔三四天加到蜂群中央；③无论外界蜜源充足与否，每天都给蜂群奖饲糖浆，每天喂250～300毫升；④在繁殖期组织双王同箱繁殖，到采蜜期变为单王采蜜群。

第二，保持蜂群有充足的花粉饲料贮备。花粉是蜂群蛋白质主要来源，蜂群一旦花粉不足和缺乏，会使蜂群产生人不易察觉出来的严重危害，轻者工蜂发育不良，寿命缩短，蜂王日产卵数减少；重者蜂王停产，蜂群很快削弱，生产力显著下降。长时间（一两个月）缺粉，还会使蜂群溃不成群，最后被迫逃亡。所以蜂群花粉贮备充足与否要同贮蜜充足与否一样给予重视。平时一定要让蜂群内始终保持至少有1张整花粉脾，低于这个标准时就要采取人工补喂法给予补足。千万不要认为巢脾上一些巢房内有零星贮粉就够了，无需补喂。其实这种状态下，蜂群已经出现缺粉的苗头。

第三，不间断修造新脾。在蜂群强壮有蜜源的情况下，让蜂群修造新脾，不但能满足蜂群的扩巢欲望，而且能发挥蜂王的产卵力和工蜂的哺育力，使蜂群持久保持旺盛的繁殖力而达到长期维持强群。

第四，采取饲养主副群的办法。这是一种让蜂群分担不同的任务而达到解决繁殖、采蜜两不误的有效办法，具有管理简便的优点，但需要较多的蜂箱等用具。具体做法是，在春繁育王分蜂时，分出与生产群等数量的分蜂群，分蜂群的蜂王产卵后，将其与生产群配对好（最好能摆放到一起）。然后确定一群为主群，主攻蜜、浆生产，另一群为副群，主攻繁殖，用它繁殖的幼蜂或子脾定期抽补充给主群，从而使主群能源源不断获得后备力量补充而保持强盛。这种办法不仅适合定地养蜂饲养方式，也适合转地饲养方式。但是转地饲养时由于蜂箱等蜂具数量有限，不可能按定地饲养方式那样1：1比例配备主副群，可按2个主群配备1个副群或3个主群配备1个副群进行搭配，同样也能收到较好的效果。

（2）掌握取蜜时间，提倡生产成熟蜜。天然成熟蜜具有蜂蜜特有的香味、不发酵，营养丰富，避免蜂蜜浓缩加工过程中温度升高对蜂蜜营养造成的不良影响，是未来蜂蜜消费的趋势。目前国外普遍采用继箱生产天然成熟蜜。在美国一些大型蜂场，生产时整个蜜继箱进入生产车间，在车间内自动完成割蜜盖、分离蜜等工序，出来就是空继箱和分离、过滤、净化好的蜂蜜，自动化程度非常高，但设备投资大，一般蜂场无法承受，在欧洲、美洲、大洋洲的大多数专业蜂场被普遍采用，以下就这一成熟蜜生产方式做一介绍。

在蜜源丰富的采蜜场地加（浅）继箱，蜂群进入强盛阶段，巢箱内的蜜蜂已满箱，外界天气晴朗，蜜源开始泌蜜，这时就可以加第一个浅继箱，浅继箱内只放8张巢脾，蜂路为15毫米，这样有利于封盖蜜的加高和割蜜盖。3～7天后，开箱检查（浅）继箱内的贮蜜情况，一般检查边脾和边二脾，如果边脾已基本上贮满蜂蜜，就可加第二个浅继箱。具体做法是：将蜂箱大盖反放在平地上，用起刮刀撬开第一个浅继箱，放在大盖上，往巢箱上加一空脾浅继箱，再将第一个浅继箱加上，盖好箱盖；再过5～7天，开箱检查第二个浅继箱内的贮蜜情况，若边脾已基本上贮满蜂蜜，则可加第三个（浅）继箱，加继箱方法同上，将贮满蜜的继箱叠在空继箱的上方，空脾浅继箱总是加在紧接巢箱的位置（图6-1），这样工蜂贮蜜距离近，速度快，也有利于刺激工蜂的采集积极性。

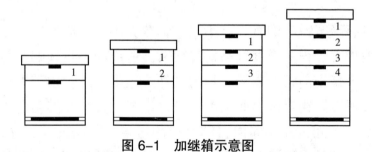

图6-1　加继箱示意图

2. 南方蜂群越夏管理　夏末秋初是我国南方各省周年养蜂最困难的时期，其主要原因是外界蜜粉源枯竭，蜂群发展受到限制。越夏后一般蜂群的群势下降50%，如果管理不善，会造成越夏失败。南方蜂群越夏管理要点如下。

（1）**更换蜂王**　南方饲养的蜂群蜂王一年中很少停产，蜂王易衰老。夏季气温升高时，蜂王体色加深，日产卵量明显下降，从而影响群势。因此，必须在5～6月份更换，广东、海南应在4～5月份将蜂王更换成当年培育的新蜂王，推迟换王会影响群势。

（2）**遮阳降温**　夏季要将蜂群放在地势高有树荫的地方，这样能保证通风良好，利于降温。地面浇透水也是降温的好办法。

（3）**调整群势**　夏季南方蜜粉源不足的地区，群势过强饲料消耗大，过弱不利于巢温调节和防御敌害。因此，在夏秋蜂王停产前，应对蜂群进行调整，及时合并弱群。调整后的群势应与当地气候、蜜源条件和饲养管理水平相符。通常蜜粉源缺乏地区，以3足框群势越夏比较合适；有辅助蜜粉源的，群势在6～7框足蜂。

（4）**留足饲料**　夏季蜂王停产长近2个月，外界又缺乏蜜粉源，蜂群饲料消耗较大。所以在夏季前的最后一个蜜源，应给蜂群留足饲料。最好储备一些成熟蜜脾，以备蜂群缺蜜时直接补给。

（5）**喂水**　巢箱上使用铁纱副盖，其上放一块盖布，每天用清水将盖布浸湿，湿布水分蒸发，既可降低巢温，又可供蜜蜂吸取水分。夏季提倡巢内喂水。

（6）**防敌害**　对于胡蜂，积极捕杀、诱杀。对于蟾蜍，每晚在巢门前放置铁纱罩，预防其在夜间捕食蜜蜂。

（7）**预防盗蜂** 巢门要合适，喂蜂要适量（当晚吃完），查蜂看时间，蜜脾保存好。发生盗蜂时应缩小巢门。

（8）**防治蜂螨** 由于夏季群势下降，蜂螨寄生率上升，早春治螨不彻底的蜂群，螨害会比较严重。小蜂螨的生长特点与大蜂螨有所不同，气温越高，小蜂螨繁殖速度越快。高温期用升华硫治小蜂螨容易伤蜂。因此，夏季高温期前一定要控制好小蜂螨。高温期间，蜂王产卵力下降，子脾减少，利于大蜂螨防治，一定要抓住这一治螨良机。

（三）秋季饲养管理

养蜂者通常将秋季作为一年养蜂的开始。秋季蜜蜂饲养管理的工作重点是培育好越冬适龄蜂，使所有蜂群进入越冬期，蜜蜂数量充足，群势达到 10 框以上，而且蜂龄要与越冬期相吻合，同时，要储备足量优质的越冬饲料，为来年春繁打好基础。养蜂者应认真做好如下几项工作。

1. 确定繁殖适龄越冬蜂最佳时间 蜂群的秋繁期一般始于当地一年中最后一个花期，秋繁时间南北方有一定的差异，一般来说，纬度越高的地区，培育的起始时间就越早。确定起止时间原则：一是保证培育的越冬蜂不参加哺育和采集与酿蜜工作；二是培育工作结束后，能让最后出房的幼蜂有安全出巢排泄的机会。一般确定秋末人工关王断子前 30 天为起繁日，在最后一批幼蜂能够出巢排泄飞翔的截止日前 30 天，为结束培育时间。

根据多年实践，东北和西北地区为8月中旬至9月中旬；华北地区为8月下旬至9月下旬；北方及长江中下游缺乏秋末蜜源的地方，秋繁一般始于8月下旬至9月份；有零星蜜源的长江以南地区，越冬蜂繁殖始于10～11月份。本阶段一般为21～30天。

2. 繁殖适龄越冬蜂时各项工作安排 繁殖适龄越冬蜂期间主要工作有培育新王和更换老蜂王、囚王断子治螨、合并蜂群、布置繁殖适龄越冬蜂蜂巢、奖励饲喂等。

一般江南在棉花期，华北在荆条期，东北在椴树、苕条花期培育的蜂王翌年春天产卵都较好。以华北地区为例，8月20日开始繁殖适龄越冬蜂，各项工作的顺序和时间安排大致如下：

（1）开繁日前40天（即7月10日前后）着手培育秋繁的新王；培育数量将按上一年的老蜂王都换掉为准，稍多几只。

（2）开繁日前14天（8月6日）囚禁老王群蜂王，囚王当天（8月6日）和第12天（8月18日）对囚王群各治1次蜂螨并挂入螨扑。

（3）开繁日前6天（8月14日）着手调整秋繁群群势，即合并弱群和进行强弱群调剂，使每个秋繁群都能达到8～10框蜂的标准；每群放1张粉蜜脾、7～8张优质产卵脾。

（4）开繁前4天（8月16日）采用间接介绍蜂王法将老王群的老蜂王淘汰，换入新王，换王后不能囚新王。

（5）秋繁开始日前2天（8月18日），将其他未换王群被囚的蜂王放出来产卵。

（6）秋繁开始日后每天傍晚奖励饲喂蜂群，每群每天喂糖浆（白糖：水＝1：1）500毫升。

（7）放王群放出王后第3天和第6天用水剂治螨药各喷治1次蜂螨，并挂入螨扑。

（8）秋繁开始日后35天（即9月25日）全场囚王断子，结束秋繁工作；10月15日前后再治2次蜂螨。

3. 适龄越冬蜂繁殖工作结束前后注意事项

（1）**防止发生盗蜂与胡蜂**　秋季蜜源枯竭，加上每晚对蜂群进行奖励饲喂，如若不慎，极易引起盗蜂。秋季蜂场发生盗蜂，轻则影响秋繁效果，重则全场蜂群覆没，所以要特别加以注意。防范措施有缩小巢门，用泥巴糊严箱缝，检查蜂群要在早晚进行。除此之外，要及时合并小群。容易发生胡蜂危害的地区，每天在盗蜂易出入的时间，注意到蜂场观察，扑杀巢门前出现的胡蜂。

（2）**补足越冬饲料**　最后一批子脾出房将尽时，要检查和调整一次蜂群和饲料，要求每群有4张整蜜脾，4张半蜜脾；对饲料不足的要从饲料多的蜂群中调剂；在调剂不够的情况下，抓紧在子脾全部出房后的三五天内用糖浆补喂充足。在秋季主要蜜源花期，可分批提出不易结晶、无甘露蜜的封盖蜜脾，作为蜂群越冬饲料；在粉源丰富的地区，还应留足部分粉脾。如储备的越冬饲料不够，应及时用优质的蜂蜜或白砂糖补充。这个过程应在蜂王停卵前完成。注意不要将糖浆滴于箱外，尤其带蜜的巢脾和盛蜜容器等要妥善保存，勿使蜜蜂接触到，以免引起盗蜂。

（3）**彻底治蜂螨**　此期繁殖的是哺育蜂，其体上蜂螨必会转移到越冬蜂体上，越冬蜂蜂螨寄生率高，对春繁很不利。治螨要彻底。治螨的方法较多，比较简便的方法是，在蜂群巢门口的巢脾蜂路间及继箱上的巢脾蜂路间各挂1片长效螨扑片；如蜂群群势不强，无继箱，只需在巢箱内挂1片螨扑即可；或者待封盖子脾出净后，蜂群内所有寄生螨都暴露在蜂体上，要抓此有利时机用水剂治螨药物喷治2次，一般先连喷2天，中间间隔2天，再连喷2天，每天1次。

（4）**调节巢温**　秋末气温渐低，白天和夜间温差较大，夜间气温常降到10℃以下。低温对蜂群繁殖不利，若蜂群护子不好，越冬蜂健康状况受到影响，尤其是群势较弱的蜂群，保温更为重要。深秋繁蜂，保温主要靠调整巢门大小，晴暖中午，气温常可在20℃以上，就要适当扩大巢门，以利通风；而傍晚就应缩小巢门，以利于蜂群保温。

（5）**及时断子**　当秋繁蜂群繁殖到5～6张子脾，发现蜂王产卵速度开始下降，头一批蜂子出房时，就应采取适当措施，使蜂王停止产卵。控制蜂王产卵可用竹笼将蜂王囚禁，使其停止产卵；也可在秋繁后期，开始以蜜粉充塞巢房，压缩产卵圈，用蜂蜜或糖水浇灌已产少量卵的巢房，让蜂王无产卵空间，浇2～3次后蜂王就会停产；同时，可将蜂群移到阴凉的地方，巢门朝北，扩大蜂路 15～20 毫米，并从蜂巢中提出花粉脾，撤除保温物，创造使蜂王提早断子、提早结团的环境。

（四）冬季饲养管理

冬季是养蜂生产的"歇蜂"季节。如果秋末冬初将各项蜂群越冬工作做好，进入冬季后则基本上没有什么管理工作。因此，一定要做好秋末冬初的蜂群管理工作。

我国南北方气候差异悬殊，但越冬主要任务都是保证蜂群健康，延长工蜂寿命，降低越冬蜂死亡率，巩固良好的秋繁成绩，为翌年春繁创造有利条件。具体工作如下。

1. 越冬前要调整好越冬蜂群的群势　淘汰劣王，合并弱群。老劣蜂王越冬死亡率高，特别是囚王越冬时，老王死亡率更高。对已完成培育越冬蜂的老劣蜂王可以淘汰，将蜂群合并给邻群。群势较弱的蜂群，越冬结团小，不利于保温，在严寒地区寒潮到来时，蜜蜂容易被冻死。根据当地气候情况，应将弱群调整到合理群势。越冬蜂群强群要求 7 框蜂以上，中等群也要有 5～6 框蜂；只有 3～4 框蜂的蜂群一般两群合并为一群，将其中一群的蜂王储备起来，或是将两个弱群同箱越冬（双王群越冬）；调整群势要在立冬至小雪间进行，过早调整工蜂会飞回原巢而做无用功。

2. 晴天治螨　秋繁断子后，蜂螨全部转移到工蜂体表，由危害子脾转到危害成蜂。越冬蜂群如蜂螨寄生率高，会使越冬蜂寿命缩短。因此，在越冬初期，可选择中午气温较高时，用水剂治螨药物喷蜂体治螨，方法同早春治螨。

3. 释放蜂王　至 11 月上旬蜂王已被囚禁 1 个多月，应适时将其从王笼中放出，以保证安全过冬。

4. 选择好越冬场所　室外越冬场所应选择背风、向阳、干燥、安静、无动物干扰和没有震动源的地方。选好后要平整场地，背面要垒好防风墙，前面要挖好排水沟。越冬前期，场地周围最好没有任何蜜粉源，且能在半阳半阴的落叶树下，保持环境安静。如果整个越冬期阴冷、潮湿，蜜蜂死亡率高，易得大肚病；如果冬季温度偏高，应选择阴凉处过冬，一定要在越冬后期将蜂群搬到向阳面。

5. 适时将蜂群搬入越冬场地并进行越冬包装　越冬初期，副盖上加一草帘即可。长江以南地区，越冬中期后，12 月中下旬后，可作群内保温，在巢内塞些稻草把，先不要塞满，弱群蜂箱空隙要完全塞满。整个越冬期可不做外保温；华北中等寒冷地区，可先在群内塞稻草把做内保温，天气寒冷，气温较稳定后，开始做箱外保温，将蜂群 2～3 个一组，分组包装，也可成一排包装。箱底垫一层厚 10 厘米左右的干草，周围和上面围盖草帘。天气十分寒冷时，再将箱与箱间的空隙用干草塞实；东北和西北严寒地区室外越冬，蜂群做内包装后，一般可采用浅沟越冬法，选择地势高燥和背风向阳的地方，挖深为 20 厘米、宽 100 厘米、长视蜂箱多少而定的长沟，挖出的土放在沟的两端。立冬前后，最低气温降至 −10℃以下时，将蜂群一箱挨一箱放入沟内。入沟前，在沟底铺一层塑料薄膜，防止地下潮气，然后在塑料薄膜上放置 10～15 厘米厚的干草或锯末，将蜂箱放在上面。蜂箱后边及箱与箱间用干草填满，箱体上加盖草帘。等到气温稳定且较寒冷后，蜂箱前壁晚间覆盖草捆保温，草帘上加盖帆布，既防雪，又增加保温效果。

6. 越冬期间箱外观察及管理方法　越冬期若无特殊情况应尽量少开箱检查，养蜂者可通过巢门观察蜂群及听测蜂群声音，了解蜂群的越冬情况。

（1）如果巢门蜂尸结冻，用细铁丝钩清理出蜂巢内蜂尸；用听诊器或橡皮管从巢门伸入巢内，初听没声音，细听声音均匀，用手指轻弹蜂箱，蜂群立即发现"唰唰"的响声，且很快消失，是正常现象。

（2）如果巢门蜂尸结冻，巢内蜂尸也结冻，听测时箱内发出微微起伏连续不断的"唰唰"声，说明蜂群在运动产热。蜂巢内温度偏低，要缩小巢门，加强保温。如果巢门蜂尸不结冻，巢中蜂散团，有部分蜂飞出巢门，听测时，箱内发出均匀的"呼呼"声，说明巢温过高。要注意扩大巢门，通风降温。

（3）如果巢门口有碎蜡渣或碎蜂尸，箱内发出异味，听测时，箱内发出异常叫声，说明蜂群有鼠害。此时如温度过低，应及时将蜂群搬入较温暖的室内检查，清理箱底，清除鼠害，堵塞老鼠出入口，巢门板钉几个钉子呈梳子状，以防止老鼠从巢门钻入。

（4）蜂群有骚动，往外爬或飞，是干燥缺水，要调低温度；如听声音经久不息，蜂团散开，是缺蜜或蜜结晶所致。

（5）缺蜜。一般蜂群很少活动的情况下，如果有蜂群的工蜂不分好坏天气，不断地往外飞，可能是箱内缺蜜。对此要将蜂群及时搬到室内检查，缺蜜就加蜜脾，抽出空脾，等蜜蜂全部上脾并结团之后，再搬出去，依旧做好包装；没有蜜脾，可以用熟蜜1份、白糖4份，混合揉成糖棒，插入蜂团中饲喂。

（6）失王。蜂群失王以后，晴暖天气的中午会有部分蜜蜂在巢门内外徘徊不安和抖翅。开箱检查，如果确是失王，则诱入储备蜂王，或与弱群合并。

（7）缺水。蜜蜂在越冬期间吃了不成熟或结晶饲料，可引起口渴。蜜蜂口渴时表现为散团，巢门内外有一部分蜜蜂表现不安。用洁净的棉花或纸蘸水放在巢门口试一下，如果工蜂吸水，说明缺水。应及时加入成熟蜜脾，如果没有蜜脾，可将蜂蜜用文火煮沸，灌脾，将箱内蜜脾换出。

（8）越冬后半期，老蜂死亡增多，要每隔一段时间清理一次巢门。对异常蜂群，选择气温较高的晴暖午后，做快速检查。正在受冻饿即将死亡的蜂群，可先将蜂箱移入室温14℃以上的房内，让蜜蜂复活，然后在蜂箱边上加1~2个蜜脾，第二天再放回原处包装。下雪天，巢门前要挡上草帘，防止工蜂趋光出巢而冻僵。雪后及时清理巢门前积雪，防止积雪堵塞巢门。整个越冬期要经常检查巢门，及时调整巢门大小。温度较高的白天，适当放大巢门；傍晚和严寒天气，适当缩小巢门。

7. 预防鼠害　在添加保温物秸草的同时撒些生石灰粉；巢门留 2～3 厘米宽、0.5 厘米高，并成排钉些小钉子或隔王栅片，以防老鼠钻入箱内危害蜂群。

第七章
蜜蜂常见病敌害防治

一、蜜蜂麻痹病

蜜蜂麻痹病又叫瘫痪病、黑蜂病，是由病毒引起的危害蜜蜂成年蜂的传染病。有急性麻痹病和慢性麻痹病之分，分别由急性麻痹病病毒和慢性麻痹病病毒引起，其中慢性麻痹病病毒对蜜蜂危害最大。

【发病症状】 慢性麻痹病对蜂群的危害主要表现为影响成年蜂的寿命，大多数染病蜂群3～4天出现病状，4～5天后开始大量死亡。病蜂主要表现两种症状：春季以"大肚型"为主，主要表现为腹部膨大，后肠常充满黄褐色稀粪，伴有下痢，身体不停地颤抖，翅与足伸开，呈麻痹状态；秋季以"黑蜂型"为主，具体表现为身体瘦小，绒毛脱落，像油炸过似的，全身油黑发亮，腹部尤其黑，反应迟缓，失去飞翔能力，常被健康蜂追咬，爬到巢脾边缘和箱底，甚至被驱逐到蜂巢外，不久便衰竭死亡。

【防治方法】 对本病应采取综合防治方法。可采取以下措施：

1. 加强饲养管理，保持巢内饲料充足　根据气候变化情况调节蜂群内巢温、湿度，气温高时注意给蜂群通风散热，气温低时加强保温措施，并要防止箱内过度潮湿。在缺少蜜源时，要及时补充饲喂，尤其应补给适量的蛋白质饲料，以增强群势。

2. 及时处理病蜂　经常检查蜜蜂的活动情况，一旦发现麻痹病症状，就应立即淘汰或消灭病蜂，以免传染给健康蜂。

3. 切断传播途径

（1）定期进行蜂场和养蜂用具消毒　被病毒污染的养蜂机具也是一个重要的传播途径，所以定期进行蜂场和养蜂用具消毒可抑制病害滋生，有效切断包括蜜蜂病毒在内的多种病原物的传播途径。注意：沸水和75%酒精消毒处理对该病毒无效。实践证明，10%漂白粉液浸泡处理被污染机具和巢脾可有效杀灭和降解包括该病毒在内的多种病原。

（2）适时更换巢脾　蜂箱内，如蜂蜡、蜂箱内壁、蜂蜜和花粉中，特别是由花粉经蜜蜂加工而成的蜂粮内常含有大量的病毒。更换老旧巢脾时，为避免洁净的新巢脾被污染，最好整箱同时更新，而不是多次更新。

（3）防治大蜂螨　有研究表明，蜂螨是该病的传播媒介。大蜂螨通过吸取体液在病健蜂之间传播病毒，这是该病主要的传播途径之一。因而利用蜂群断子期，适时进行蜂螨防治，可抑制病毒病的发生。

4. 提高蜂群抗病力　及时更换病群蜂王，选用无病群培育的蜂王来更换患病群的蜂王，以提高蜂群繁殖力和对疾病的抵抗能力，这是目前防治该病的一项有效措施。

5. 药物防治　通过对已有的实验结果和蜂农摸索的防治经验进行整理，列举如下（仅供参考）：

（1）生川乌 10 克、五灵脂 10 克、威灵仙 15 克，甘草 10 克，加水适量煮沸 3 次，澄清后加糖或蜜，口感有点甜即可。用喷雾器斜喷蜂体，见雾即停，逐脾喷治，每天 3 次，治疗 3 天后停 1 天，第 5 天即可见效。

（2）板蓝根冲剂 2 袋（20 克），对 1 千克糖浆，隔天喂 1 次，连喂 4 次。

（3）大蒜 1 千克、米醋 2 千克，将大蒜捣烂，加入米醋，浸泡 24 小时，滤出蒜渣，每千克糖浆对 100 克蒜醋液，每晚喂蜂。

（4）蜂胶酊。用 1 倍清水稀释蜂胶酊，之后将稀释的蜂胶酊洒在巢脾、蜂箱四边的蜜蜂体上，3～5 天 1 次，连续治疗 5 次后，症状逐渐消失。

（5）升华硫。将升华硫撒于蜂路、框梁或箱底，一般的用量为每群每次 7 克左右，切忌用量过多，否则会造成未封盖幼虫中毒。

给患病蜂群补充蛋白质饲料，可用牛奶粉、黄豆粉等配合多种维生素进行饲喂，提高蜂群的抗病能力。

二、囊状幼虫病

囊状幼虫病是一种常见的蜜蜂幼虫病毒病，传染性强。中蜂、意蜂均有发生，只是病原有所不同。主要引起蜜蜂大幼虫或蛹死亡，感染病毒的成蜂不表现任何症状。囊状幼虫病有两种，一种是西方蜜蜂的囊状幼虫病，另一种是东方蜜蜂的囊状幼虫病。通常囊状幼虫病对西方蜜蜂危害较轻，但中蜂囊状幼虫病在我国部分地区危害严重，是中蜂主要病害之一。

【发病症状】 蜂群发病初期由于病虫不断被清除，蜂王重新产卵，导致巢脾上呈现卵、小幼虫、大幼虫和封盖子排列不规则现象，即子脾呈现"花子"样。当病害严重时，病虫多，工蜂不能及时清理，可见以下典型病症：大幼虫死于封盖前或化蛹后死亡，出现巢房不封盖或封盖后被工蜂咬开，呈"尖头"状；幼虫头部有大量透明液体聚积，用镊子夹住头部将其提出，呈"囊袋"状，囊中充满液体。死亡幼虫逐渐由乳白色变成褐色，当虫体水分不断蒸发，干瘪成黑褐色的鳞片，贴于巢房一边，头、尾部离开巢房壁，略上翘，形如"龙船"状，死亡虫体无臭味，无黏性，容易从巢房中清除掉。

中蜂囊状幼虫病患病幼虫 30% 死于封盖前，70% 死于封盖后。发病初期巢脾出现"花子"，随后在脾面上有尖头病虫，挑出可见不明显的囊状。封盖病虫房盖下陷、穿孔。虫尸干后不翘，无黏性，无臭味，易清除。成年蜂被病毒感染后无明显外部症状，但寿命缩短。

【防治方法】

1. 消毒 每年越冬前，要对蜂场及更换下来的蜂箱、巢框、蜂具等进行彻底消毒。场地使用生石灰粉消毒，蜂箱通常用碱液清洗消毒或用酒精消毒，巢脾消毒用硫黄或甲醛熏蒸。

2. 选育抗病品种 无论中蜂囊状幼虫病发生多严重，但总会有几群蜂不患病。培育蜂王时有意识地选择抗病蜂群进行育王，选育抗病力强的品种。

3. 加强管理，饲养强群 早春和晚秋注意保温，使蜂多于脾，缩小巢门，以提高巢温，春季不要轻易开箱检查蜂群，以免降低巢温。对于中蜂蜂群，常年保持4～6脾，强群采集力强，能保证饲料充足，蜜蜂发育健康，幼虫饲喂良好。若遇寒潮，强群保温效果好，护脾能力强，使幼虫免于受冻。

4. 断子换王 对发病重的蜂群，除去老王，诱入一个成熟的王台；或将老王幽闭10天左右，使工蜂彻底清巢，除去病死幼虫，减少病原积累，清除传染源。

5. 中草药治疗 有些中草药有一定抗病毒效果，可试用以下方剂治疗：①半枝莲干草50克，煎汤后用于20～30框蜂治疗；②华千金藤（又名海南金不换）干药10克，煎汤后用于10～15框蜂治疗；③五加皮30克，金银花15克，甘草5克，煎汤后用于40框蜂的治疗。上述草药煎汤、浓缩，过滤后配成1∶1糖浆，每群饲喂量以当日食完为宜，傍晚饲喂，连续4～5次为一个疗程。

三、白垩病

白垩病是由蜜蜂球囊菌（*Ascosphaera apis*）引起的

蜜蜂幼虫死亡的真菌传染病，又称"石灰质病"。白垩病的发生与多雨潮湿，昼夜温差不稳定有关。

【发病症状】 患病幼虫为老熟幼虫，通常在封盖后头两天或在前蛹期死亡。幼虫染病后，虫体肿胀并长出白色绒毛，充满巢房，接着虫体皱缩、变硬，房盖常被工蜂咬开。病虫变成白色的块状，即呈白色"木乃伊状"，是此病的典型特征。当形成真菌孢子时，幼虫尸体呈灰黑色或黑色"木乃伊状"。

【防治方法】 白垩病主要通过孢子传播，蜂花粉是主要的传染媒介。高温潮湿的天气易发病，连续阴雨会使病情加重。对白垩病要采取"预防为主，防治结合"的综合措施。

1. 选择适宜的场地 选择在干燥、通风、向阳的地方建场，蜂箱摆放在离地面20～30厘米的位置。保持蜂场清洁、干燥，及时清理蜂场内外的杂物。蜂场前后，经常撒石灰以消毒。低温潮湿季节要注意给蜂群保温、排潮，可在箱内放置生石灰等吸潮物，晴暖天气注意晾晒箱内保温物。高温、潮湿季节，注意蜂群遮阳和通风除湿。

2. 根据白垩病发病规律，做好预防工作 4～8月份，白垩病高发，初期病症轻但危害大，应抓住有利时机，做好预防工作。春繁前，用硫黄或40%甲醛溶液熏蒸消毒蜂箱、巢脾、饲喂器、隔板等。对于患病蜂群生产的花粉、蜂蜜，应禁止用于饲喂其他蜂群。蜂箱内的保暖草经常在太阳下暴晒，以除潮气，杀死病原。注意保持蜂群饮水清洁，防止污水被蜜蜂采入群内。

3. 进行抗病育种，及时换王　每年选择抗病力强的蜂群移虫育王，以提高蜂群的抗病能力。蜂群一旦发生白垩病，应立即囚王，以控制病情发展。待清巢后，更换抗病能力较强的新蜂王。

4. 合并弱群，增强蜂群清巢能力　弱群蜂量少、巢子多，清理病尸力量不足，使大量病尸积存在蜂巢内和箱底，增加了病原传播；强群则相反，蜂多群强，一旦有病尸，随即被拖出箱外，巢孔也被清理干净，箱内很少积存病尸，从而抑制了白垩病的发展。长年饲养强群，利于提高蜂群清巢能力，减少白垩病的发生。

5. 药物防治

（1）**酒精**　发现白垩病菌丝体，用75%酒精喷施蜜蜂和蜂箱，对于重病群脱蜂后应多喷，对于巢房内病虫尸块应直接喷，让工蜂清理，一般病症可减轻。此法方便有效，既杀真菌又能消毒蜂箱。

（2）**白垩一号**　将1包（3克）白垩一号用少量温水溶解，加50%糖水1升充分混匀，喷喂40脾蜂，每3天喷喂1次，连续用药4～5次。

（3）**白垩清**　将5%白垩清配成800～1000克稀糖液，喷幼虫脾，隔日1次，疗效较好。

（4）**石灰水**　将5千克生石灰（不宜用散灰，要用块灰）对水10升，化开后搅匀，静置8～24小时，取澄清液拌入饲料中或直接供蜂饮水。或选用大黄苏打片。一个十框群每夜可用石灰水0.25升左右或大黄苏打片1

片化开均匀拌于饲料糖中。

（5）**碳酸氢钠（小苏打）** 每个上框梁从前至后均匀撒 5 克左右，在紧脾的同时（蜂多于脾）每晚喂糖浆，每千克糖浆对 50 克小苏打。

四、欧洲幼虫腐臭病

欧洲幼虫腐臭病由蜂房蜜蜂球菌等引起的一种蜜蜂幼虫细菌性传染病，简称"欧幼病"。在气温较低或不稳定的春秋季节容易发生，尤其是弱群、巢温过低的蜂群更容易染病。此病害不仅感染西方蜜蜂，东方蜜蜂特别是中蜂对此病抵抗力弱，病情比西方蜜蜂更严重。

【发病症状】 欧洲幼虫腐臭病的典型症状，幼虫在 1～2 日龄染病，引起 3～4 日龄未封盖幼虫死亡腐烂。死亡幼虫开始呈灰白色，不饱满，无光泽，之后呈浅黄色或黄色，在巢房里腐烂，发出酸臭味，有渗出液，无黏性，用镊子或小棍挑取时不拉丝。发病严重时，整张巢脾幼虫死亡，成年蜂离开巢脾附着在箱壁，甚至飞逃。发病较轻时，仅有部分幼虫死亡，很快被工蜂清除掉而形成空房，蜂王又在空巢房里产卵，巢脾上可见有幼虫，但虫龄参差不齐，封盖子很少，零散分布不成片，有部分空巢房，形成所谓"插花子脾"的现象。若病害发生严重，巢脾上"花子"严重，由于幼虫大量死亡，蜂群中长期只见卵虫，不见封盖子。

【防治方法】 西方蜜蜂患欧洲幼虫腐臭病一般不严

重，通常无需治疗，多数蜂群可自愈。而中蜂则通常十分严重，影响春繁和秋繁，而且病群几乎年年复发，难以根治，所以必须在加强管理的同时给予药物治疗。应注意的问题是，要合理用药，以防抗生素污染蜂蜜。

1. 预防措施

（1）**抗病选种**　从患病蜂场中选出抗病力较强的蜂群作母群，移虫育王，有计划换王。经过几代选育，蜂群的抗病力增强。

（2）**加强饲养管理**　饲养强群，提供清洁卫生的饮水。紧缩巢脾，保持蜂多于脾，注意保温。保持蜂场的环境卫生，定期进行消毒。

2. 药物治疗

（1）**中草药制剂**

配方一：黄芩10克，黄连15克，加水250毫升，煎至150毫升，脱蜂喷脾，隔日1次，连续喷治3次。

配方二：黄连20克，黄柏20克，茯苓20克，大黄15克，金不换20克，穿心莲30克，雪胆30克，青黛20克，桂圆30克，五加皮20克，麦芽30克，加水2.5升，煎煮半小时，过滤后取药液加到3千克糖浆中，可以饲喂80脾蜂，3天1次，4次为一个疗程。

（2）**抗生素治疗**　常用土霉素粉200毫克，稀释后混到1千克糖浆中，饲喂蜂群（10框蜂），3天1次，3～4次为一个疗程，此法极易污染蜂蜜。也可配制含药花粉饼或抗生素饴糖饲喂。

①花粉配制　按上述药剂及药量，将药物粉碎，拌

入适量花粉，10框蜂取食2～3天为宜，用饱和糖浆或蜂蜜揉成面团状，不粘手即可，置于框梁上。

②抗生素饴糖配制　200克热蜜加500克白糖，稍凉后加入8～10克土霉素粉，搓揉成团，可喂50群中等群势的蜂群。重病群可连续喂3～5次，轻病群5～7天喂1次，不见病虫即可停药。注意采蜜期前45～60天停药。

五、蜜蜂微孢子虫病

蜜蜂微孢子虫病是成年蜂的一种常见传染病。早春是发病高峰期，患病蜜蜂寿命缩短，采集力和泌蜡量显著下降。春季发病影响蜂群的繁殖和发展，生产季节发病则影响蜂蜜、蜂王浆和蜂蜡的产量；秋季发病则影响安全越冬，造成翌年蜂群春衰；越冬蜂群患病常出现下痢，严重的整群蜂死亡。

【发病症状】　患病初期蜜蜂症状不明显，活动正常。随着病情的发展，症状逐渐明显，体色呈深棕色，尾部发黑，腹部膨大，行动迟缓，并伴有下痢现象，失去飞翔能力的蜜蜂在箱内、箱前爬行，不久死亡。重病群的蜂王和雄蜂也会染病死亡。微孢子虫病的症状易与其他成年蜂病如麻痹病、下痢病、螺旋体病相混淆，应注意区分。

【防治方法】　防治蜜蜂微孢子虫病重在预防，特别是在越冬和春繁期间，可以按以下方法进行防治。

（1）确保蜂群越冬饲料优质，早春不用代用花粉。

（2）越冬和春繁期间保温要适当，注意保温与通风的协调，切忌蜂巢内过于潮湿。

（3）春季饲喂酸性饲料，每千克糖浆或蜜汁中加入1克柠檬酸或醋酸3～4毫升，预防效果很好。

六、大 蜂 螨

大蜂螨即狄氏瓦螨（*Varroa destructor*），是蜜蜂的体外寄生螨之一。该病目前已在世界各国养蜂生产地区传播，目前除大洋洲的澳大利亚未发现大蜂螨外，亚洲、欧洲、美洲及非洲都有大蜂螨分布，严重危害世界养蜂业。

【危害情况】　大蜂螨原为东方蜜蜂的寄生螨，两者相互适应，不危害东方蜜蜂。20世纪初，西方蜜蜂大量引进亚洲以后，首先在俄罗斯远东地区暴发螨害。我国是发现大蜂螨比较早的国家，1956年在浙江杭州郊区的意大利蜜蜂最早发现，1964年后蔓延到全国各地。西方蜜蜂受侵染后，若不治疗，蜂群会很快衰亡。被蜂螨寄生的蜜蜂体质衰弱，寿命缩短，体重减轻。蜜蜂幼虫被大蜂螨寄生后，不能正常发育，即便出房，新蜂残翅，失去飞翔能力，四处乱爬。受害蜂群哺育力和采集力下降，成年蜂日益减少，群势迅速下降，甚至全群死亡。

【形态特征】　大蜂螨的个体发育分三个阶段，即卵、若螨（前期若虫、后期若虫）和成螨。卵乳白色，圆形。

前期若螨近圆形,乳白色,体表着生稀疏刚毛,有 4 对粗壮的附肢,体形逐渐变为卵圆形。后期若螨呈心脏形,随着横向生长的加速,螨体由心脏形变为横椭圆形,体背出现褐色斑纹。雌成螨呈横椭圆形,棕褐色。雄成螨较雌成螨小,呈卵圆形。

【生活史和习性】 大蜂螨在我国南方全年都能在蜂群中繁殖,在我国北方随蜂群以成螨在蜂体上越冬。蜂螨的生活周期分别为卵期 20～24 小时,前期若螨 52～58 小时,后期若螨 80～86 小时。雌螨整个发育期为 7 天,雄螨整个发育期为 6.5 天。工蜂幼虫巢房的封盖期为 12 天,受精的雌螨进入其中,一次最多能产 3 只受精的幼雌螨。雄螨交尾后不久即死于巢房内。雌螨在夏季可生存 2～3 个月,在冬季可以生活 5 个月以上。

大蜂螨有很强的生存能力和耐饥力,在脱离蜂巢的常温环境中可存活 7 天;在温度 15～25℃、空气相对湿度 65%～75% 的空蜂箱内能生存 7 天;在巢脾上能生存 6～7 天,在未封盖幼虫脾上能生存 15 天,在封盖子脾上能生存 32 天;在死工蜂、雄蜂和蛹体上能生存 11 天,在 –10～30℃ 下能存活 2～3 天。

一只受精的雌性大螨在一个产卵周期,在工蜂幼虫巢房内可产 1～5 粒卵,在雄蜂幼虫巢房内可产 1～7 粒卵。但在蜜蜂羽化时能够发育成熟的后代雌螨只有 2～3 只。雌螨在一生中有 3～7 个产卵周期,最多可产 30 粒卵。

大蜂螨喜寄生于雄蜂幼虫,雄蜂幼虫巢房蜂螨的寄生率比工蜂幼虫巢房高 5 倍以上。

大蜂螨的生活周期可分为在蜂体上寄生和在蜜蜂封
盖巢房内繁殖两个时期。雌螨的整个生活周期又可分为
随蜂出房漫游、潜入即将封盖蛹房、吸食蛹体液并产卵、
新一代螨成熟并交尾等几个阶段（图7-1）。

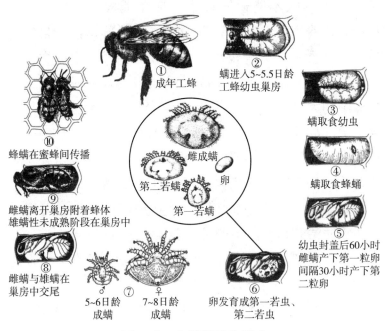

图7-1　大蜂螨的生活史

　　【防治方法】　防治措施由大蜂螨数量、气候条件、
流蜜期和养蜂方式等所确定，目标是将螨的数量压低到
对蜂群不产生明显伤害的限度以内，对养蜂生产没有影
响（在经济阈值以下）。螨的数量从早春蜂群育虫开始，
差不多每3～4周增加1倍，到7月底8月初达到高峰。

通常用捕螨板捕获并监测大蜂螨数量。

捕螨板可用厚 10～15 毫米木条（也可用镀锌铁皮）制作，在尺寸比箱底略小的长方形框上钉上 2.5 毫米×2.5 毫米孔眼的纱网。在巢箱前面下部插入涂上凡士林的白色厚纸板。从春季开始将捕螨板放在箱底上，自然落下的大蜂螨不能返回蜂巢，粘在纸板上死亡。每隔 7～10 日检查 1 次，计算平均每日自然落螨数。自然落螨数与蜂群中的大蜂螨总数呈正相关。蜂群中的大蜂螨总数约为自然落螨数的 100～200 倍。秋冬季治疗彻底，蜂群中的大蜂螨不到 50 只，翌年春夏季一般可以不用药剂防治。如果到 5 月底平均每日自然落螨数超过 3 只，7 月底至 8 月初落螨数超过 10 只，就要进行防治。在蜜蜂活动季节任何时候落螨数若超过 30 只，表明蜂巢中的大蜂螨总数已经超过 3 000 只，要立刻进行防治。可以采取药物防治和综合防治两种措施。

1. 药物防治　采用药物治螨要尽量避免在流蜜期进行，减少蜂产品药物残留污染。

（1）氟氯氰菊酯条　俗称"螨扑"，是一种长效杀螨剂。将螨扑片挂在蜂路间，当蜜蜂经过时触杀蜂体上的蜂螨，可以放置 2 周以上，杀螨效果好，使用方便。螨扑是目前我国养蜂生产中普遍使用的杀螨药物，有些蜂农却反映螨扑杀螨效果明显下降，究其原因是使用方法不当，有的将螨扑片挂在蜂箱就放任不管，有的只将螨扑片从巢门插进蜂箱了事。将螨扑挂片滞留在蜂箱内，蜂螨有可能产生耐药性，药效明显下降，从而起不到治螨的目的，并且在巢脾蜂蜡中有残留。

（2）有 机 酸

①甲酸 又称蚁酸。甲酸既能杀死蜂体上的、又能杀死巢房里的大蜂螨。使用时要特别注意防护，带橡胶手套和护目镜，以免吸入甲酸。操作前准备一盆清水，若甲酸沾到皮肤上，立刻用水冲洗。甲酸防治大蜂螨效果好，使用的适宜温度为气温 16～27℃，在 12℃以下较低温度时挥发很慢，效果不好，高温时甲酸挥发很快，伤蜂伤王。甲酸为液态有机酸，易挥发，对蜂产品基本无污染，无残留，使用安全。使用方法是在断子期采用断子结合甲酸熏蒸的措施对大蜂螨进行防治。每群蜂最大用量 5～6 毫升，将甲酸滴入装满脱脂棉的小瓶内，在瓶盖上打十几个小孔，盖好，而后将小瓶放置在蜂箱内的角落处，让其自然挥发。3 天后再加 1 次甲酸，一般连续 5 次即可。使用甲酸应注意，甲酸易挥发，应避免过量使用，否则会造成对蜂群的不良影响，引起蜜蜂骚动不安，严重的造成蜂群飞逃。

②草酸 又称乙二酸，广泛存在于自然界，特别是植物中。无水草酸，固体，易溶于水，能溶于乙醚。草酸是蜂蜜的天然成分，不同品种的蜂蜜含有草酸 8～300 毫克／千克。草酸对皮肤也有刺激性，但比甲酸温和，使用时带防护手套和护目镜。使用方法：夏末秋初，草酸可与糖水混合使用，在 1 升水或 50% 糖浆中加草酸 30 克，配成 3% 草酸溶液，均匀喷洒巢脾，每脾平均 2 毫升左右，每天 1 次，5 次为一个疗程；晚秋初冬，蜂群

无子（或预先扣王断子），气温在 5℃以上时，在 1 升 50% 糖浆中加草酸 35 克混合均匀，现配现用，溶液温度 30℃左右。用 50 毫升以上大容量的注射器，在每条蜂路上滴注 4～5 毫升，直接滴在蜂体上。不需要松动巢脾。草酸治螨的效果平均在 95% 以上。

（3）香精　从植物提取的香精或香精油有 10 多种，效果好的有百里酚。百里酚又称"麝香草酚"，无色半透明晶体，有特殊气味，稍有碱味，具有杀菌、杀真菌、杀螨及驱虫作用，用作香料、防腐剂及驱虫剂。杀螨主要在采蜜期以后，气温在 30℃以下时使用。

①百里酚糖粉　将百里酚与等量糖粉混合，傍晚在每条蜂路上撒粉 1 克。为防止蜜蜂飞出，用薄纸将巢门糊上，次日蜜蜂可将纸咬破。每隔 2 日 1 次，连用 4 次。将百里酚糖粉 10～20 克装在纱布口袋里，挂在巢箱第二位空隙处，杀螨效果也好。

②百里酚棉油绳　取食品级矿物油（液体石蜡）100 毫升，放入带盖的玻璃器皿，加入百里酚 100 克，盖上盖，放在水浴锅中加热，直到百里酚完全融化。另将 900 克百里酚在铁锅中加热到 75℃左右，加入 1 千克蜂蜡，搅拌使蜂蜡完全融化；加入 1 千克蜂蜜，搅拌均匀；加入预先溶于矿物油的百里酚，搅拌均匀；放入 100 根直径 8 毫米的棉绳，浸上百里酚矿物油。平箱群在蜂巢上放置 2 根，继箱群在巢箱上放置 3 根，2 周后取出换新的，连用 2 次。暂时不用的棉油绳可放入容器里，密封，在阴凉处储藏。

2. 综合防治

（1）**断子治螨**　利用蜂群越冬或越夏前自然断子期，或采用人工扣王断子方法，蜂群内没有封盖子和大幼虫，让蜂螨暴露在外，结合使用药物治螨效果更好。

（2）**用雄蜂脾诱杀**　利用大蜂螨喜欢在雄蜂封盖子中寄生的特点，当蜂群出现成片的雄蜂封盖子时，连续不断切除雄蜂封盖子，或从无螨群调入雄蜂幼虫，引诱大蜂螨到雄蜂房内繁殖。也可以在蜂群放置 1～2 框雄蜂脾，春季加到蜂群中，每隔 20 天割除雄蜂蛹 1 次，连割 2～3 次。最好是结合生产，采收雄蜂蛹时进行诱杀。

（3）**分蜂治螨**　当蜂群出现螨害，可将蜂群的蛹脾和大幼虫脾提出，组成无王群。蜂王、卵脾和小幼虫脾留在原群，蜂群安定后用药物治疗。无王群诱入王台，先用药物治疗 1～2 次，待新蜂全部出房后继续用药物治疗，以达到治螨效果。

七、小蜂螨

小蜂螨学名亮热厉螨（*Tropilaelaps clareae*），俗称"小螨"。

【分布与危害】　我国在 1960 年首先在广东省发现小蜂螨，以后逐渐向北蔓延，目前小蜂螨已在全国各地区普遍发生。小蜂螨是典型的巢房内寄生虫，因此蜜蜂幼虫及蛹受害严重。受害蜂群的幼虫及蛹大批死亡，腐烂变黑，即使能羽化出房的幼蜂，肢体亦残缺不全。严重时，可使整群、整脾的幼蜂不能正常羽化出房，群势迅速削弱，导致全群死亡。

【生活习性】 小蜂螨大部分时间都在封盖巢房内度过。当蜜蜂幼虫巢房封盖大约 2/3 后，1～4 只雌螨会侵入同一个幼虫巢房繁殖。巢房封盖 50 小时后，雌螨产下第一粒卵，封盖 50～110 小时是产卵高峰期，1 只雌螨平均能产 6 粒卵，通常 1 粒雄卵和几粒雌卵。卵的发育历期为 12 小时，小蜂螨从卵到成螨的发育只需 6 天。由于小蜂螨不取食成蜂，所以它在蜂体上最多能存活 2 天，在封盖巢房外一般只停留 1.3 天，最多 2 天。在 25 天内，大蜂螨只能发生 1 代，而小蜂螨能发生 2 代，这是小蜂螨数量比大蜂螨增加迅速的主要原因。

【诊断方法】

1. 开盖检查 选择一小片日龄较大的封盖子区，用梳子状蜜盖叉沿着巢脾面平行插入房盖，用力向上提起蜂蛹，逐个检查小蜂螨。成螨颜色较深，在乳白色的蜂蛹上很容易被发现。这种方法的优点是比逐个打开巢房盖速度快，效率高，应用简便，可用于常规的蜂群诊断。

2. 症状诊断 被小蜂螨感染的蜂群通常封盖子脾不整齐，死亡的虫、蛹尸体会特征性地向巢房外突出，勉强羽化的成蜂通常表现出机体和生理上的损害，包括寿命缩短，体重减轻，以及翅、足或腹部畸形，封盖子脾出现穿孔现象，蛹感染小蜂螨后通常在足、头部和腹部出现较深的色斑。感染蜂群巢门口经常会见到死亡幼虫、蛹和大量爬蜂。对于严重感染的蜂群，由于大量幼虫和蛹的死亡还常发出腐臭味。用力敲打巢脾框梁时，巢脾上会出现赤褐色、长椭圆状并且爬行很快的螨，这些都是小蜂螨感染的特征。

3. 箱底检查 在箱底放一块白色的黏性板，在黏性板上放上网孔直径在3毫米左右的铁丝网，铁丝网的外边缘稍微往里折叠，使铁丝网与黏性板有一定的距离，并将其固定在黏性板上，防止蜜蜂清除落至箱底的小蜂螨，然后使用杀螨药杀螨或向蜂箱喷烟6～10次，一定时间后取出黏性板检查落螨数量。这种方法的优点是敏感，能检查寄生率低的小蜂螨数量。很适合早期诊断，能在治螨的同时对蜂群的感染水平进行估计。

【防治方法】 小蜂螨个体小，不易发现。其主要寄生在老熟幼虫房和封盖子内，在巢房外停留时间短，也很少在蜂体寄生。当看见子脾上有小蜂螨爬动时，封盖工蜂幼虫小螨的寄生率可能已达到25%以上。如果不及时防治，蜂群在当年冬季就会毁灭。因此，对小蜂螨的防治必须抓紧抓早。

1. 生物防治 根据小蜂螨在成蜂体上仅能存活2天、不能吸食成蜂体液这一特性，可采用人为幽闭蜂王或诱入王台、分蜂等断子的方法治螨。断子法是一种最常用、简单且对蜂产品没有污染的防治方法，但是限制蜂王产卵会导致后期蜂群群势下降，对于蜂群的生产能力有较大的影响，所以这种方法多在越冬或越夏时采用；还可以利用小蜂螨偏爱雄蜂虫蛹的特点，用雄蜂幼虫脾诱杀；或每隔16～20天割1次雄蜂蛹，并清除蜂尸，达到控制小蜂螨的目的。

2. 药物防治

（1）**硫黄** 硫黄燃烧能产生二氧化硫气体，杀死封盖巢房内的蜂螨。特别是蜂群增长阶段螨害严重时，子脾有大量蜂螨，用硫黄熏脾能保住子脾。具体做法是：将全场蜂群的封盖子脾全部提出，脱除蜜蜂，集中放于空继箱内，一摞4～5箱，底箱不放巢脾。在空箱底部中央放一只300～500瓦的小电炉，按电炉直径制作一个火罩，在电炉盘上均匀撒上硫黄粉，盖上火罩，以防硫黄燃烧点燃巢脾引起火灾，然后摞上继箱，用纸糊严蜂箱缝隙，最上面的继箱盖上覆布，再盖纱盖和大盖，最后给电炉通电燃烧硫黄粉（图7-2）。特别注意的是，过量的二氧化硫对蜜蜂子脾有伤害，应严格控制硫黄用量和用熏烟时间，一次投放硫黄粉不能超过25克，熏烟不超

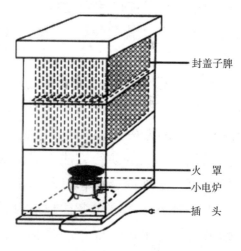

封盖子脾

火　罩
小电炉
插　头

图 7-2　硫黄熏脾

过 5 分钟，可保存蜜蜂封盖子脾 80%～90%，使封盖房内的大蜂螨消灭 50% 左右，小蜂螨基本杀灭。也可以用一块 15 厘米大小的瓦片放在箱底代替电炉，上面加上一折成波浪形的铁纱网，网上放一块棉花，熏脾时点燃棉花即可。用同样方法处理下一批，直到全部子脾处理完为止。

（2）**升华硫**　升华硫防治小蜂螨效果较好，可将药粉均匀地撒在蜂路和框梁上，也可直接涂抹于封盖子脾上，千万不可撒在幼虫房。其优点是使用方便，成本低，尤其能杀灭封盖子内的小蜂螨。缺点是副作用大，若使用过量会伤蜂，使蜜蜂寿命缩短，群势下降，甚至卵不孵化，蜂王不产卵。因此，在使用升华硫治螨时应注意两点：一是严格控制用量，每次每群（10 足框）2.5～3.5 克为宜。二是注意使用次数，度夏期间螨害较轻的需 2 个疗程，较重者 3 个疗程。每隔 7～9 天用药 1 次，连用 3 次为一个疗程。

（3）**烟硫合剂熏治**　烟硫合剂就是用干烟叶 500 克，研成细粉装入不漏水的塑料袋内，加入水 300 克、硫黄粉 200 克，搅拌均匀，使烟叶粉湿透，用绳扎紧袋口，放置 12 小时左右。一般 3 天用药 1 次，5 次为一个疗程，继箱群每次 15～20 克，平箱群每次 8～12 克。此法对小蜂螨的致死率较高。

八、大 蜡 螟

危害养蜂生产的蜡螟主要有大蜡螟（*Galleria mellonella*）

和小蜡螟（*Achroia grisella*）。二者相比，大蜡螟比小蜡螟危害严重。

【分布与危害】 大蜡螟危害很广，几乎遍及全世界养蜂地区。大蜡螟的发生与外界温度有很大关系，地理分布受越冬能力的限制，在高纬度地区，大蜡螟没有或很少发生，而在广东、广西和云南等热带与亚热带地区危害相当严重。大蜡螟幼虫以巢脾为食，1～2龄幼虫会沿着巢脾内有幼虫残余物、茧衣的巢房蛀食巢脾，在巢脾上吐丝作茧，破坏巢脾、蛀坏蜂具，故大蜡螟幼虫又称"巢虫"、"绵虫"。巢虫除破坏巢脾外，还危害蜂群的封盖子脾，会造成蜜蜂蛹和幼虫死亡，出现"白头蛹"。若不及时处理，蜂群会弃巢而逃，对中蜂的危害更为严重。大蜡螟也是蜂产品重要的害虫，给养蜂者造成巨大的经济损失。

【生活习性】 大蜡螟是完全变态昆虫，个体发育经历卵、幼虫、蛹和成虫4个阶段，各虫期的长短随季节变化有差异。大蜡螟卵期8～23天，初产卵呈短椭圆形，卵粒紧密排列；幼虫期共8龄，每龄期4～7天，因外界温度和食料不同有差异，初孵幼虫呈白色，2～3龄幼虫外形发生很大变化，成熟幼虫体长12～28毫米，重量可达240毫克；蛹期6～55天，蛹呈纺锤形。大蜡螟成虫口器退化，在成虫期不取食。雌蛾下唇须向前延伸，头部呈钩状，个体较雄蛾大。在自然条件下，雌蛾历期7～9天，体长18～22毫米，体重122.3±1.6毫克，羽化后1～3小时开始交尾，交尾4～5小时后产卵，雄蛾历期 12～24 天，体长 14～16 毫米，体重 74.0±7.5 毫克。

大蜡螟危害以幼虫期为主，容易在长时间不清扫的蜂群和长时间存放不加以处理的巢脾上滋生，对中蜂弱群、分蜂群、无王群和蜂少于脾的蜂群危害严重。初孵幼虫有上脾的习性，1～2 龄幼虫经框耳爬上框梁，然后蛀入巢脾，上脾率达 90% 以上；2 龄后上脾易被工蜂攻击，上脾率仅 7.5%。1～2 龄幼虫喜食液体饲料；自 2 龄开始在隧道壁上吐丝，虫体躲藏在丝织物中；发育至 5～6 龄后，食量猛增，对巢房破坏加剧，最后聚集或潜入蜂箱缝隙中结茧、化蛹、羽化。

【防治方法】　目前，对中蜂主要通过饲养强群，保持蜂多于脾或蜂脾相称，定期清扫蜂箱内壁和箱底，使用新巢脾，定期更换巢脾，将旧巢脾化蜡处理等措施来防治大蜡螟；对意蜂，主要是提高闲置旧巢脾的使用周转率、取蜜后让蜜蜂进一步清理蜜脾、熏蒸并密闭保存巢脾以减轻大蜡螟危害。

对于贮存巢脾，可以采用硫黄熏蒸的方法防治。巢脾数量多的，可找一间密封的小屋子，将巢脾挂在架子上，按巢脾消毒的方法进行熏蒸，熏蒸后仍存放在密封的室内，使用前再取出。若巢脾数量不多，可用蜂箱替代，一个底箱加上数个继箱，继箱内放好巢脾，在箱底燃烧硫黄熏蒸巢脾（参照硫黄治蜂螨方法）。注意事项：硫黄为易燃物，点燃时注意防火，待硫黄燃尽后方可离开；熏蒸时，要注意密封，将所有缝隙用纸条密封，防止熏蒸后蜡螟重新侵入。

九、胡　蜂

胡蜂是蜜蜂主要敌害之一，在南方夏秋季节，胡蜂危害猖獗，对蜂群的越夏构成威胁。我国常见的胡蜂有百余种，危害蜜蜂的胡蜂有：金环胡蜂、黑尾胡蜂、黄腰胡蜂、小金箍胡蜂、黑盾胡蜂、墨胸胡蜂、基胡蜂等。其中，前4种胡蜂是蜜蜂的主要敌害。

【危害习性】

1. 金环胡蜂（*Vespa mandarinia Smith*）　别名大胡蜂。体形大，粗壮，体长30～40毫米，飞速慢，不灵活，常结伙围攻较强的蜂群。攻击蜜蜂时，起先只是一两只在巢门前捕咬蜜蜂，后来则会几只、十几只围攻蜂群。

金环胡蜂上颚发达，体重相当于十几只意蜂的体重。足3对，适于捕捉猎物。金环胡蜂攻击蜜蜂时，常是咬一口就扔下，接着仍在巢门前不断咬死一只只蜜蜂，被咬的蜜蜂不是掉头，就是断身、断足、缺翅膀。很快巢门前伤亡一大堆蜜蜂。受害群往往比较固定，当次受害群及邻箱是胡蜂下一次围攻的对象。当受害群太弱时，胡蜂会攻入箱内，该群蜂将覆灭。危害期是夏末秋初。晴天，多活动在上午7～9时；阴天，多活动在下午3～4时；雨后，则在上午6～10时和下午3～4时。8～9月份经常下雨，金环胡蜂多在雨后一两天之内围攻蜜蜂。

2. 黑尾胡蜂（*Veapa ducalis Smith*）　属大型胡蜂，体长 30～40 毫米。它不像金环胡蜂那样成群结伙围攻蜜蜂，攻击对象不断变动，一般在箱前飞行中咬蜜蜂或在巢门板捕捉蜜蜂，危害情况同金环胡蜂相似。黑尾胡蜂在蜂场出现次数较多，危害仅次于金环胡蜂。危害期是 8～11 月中旬，危害期比金环胡蜂长。气温高的天气，上午 6～10 时和下午 15～18 时都可能出现黑尾胡蜂。金环胡蜂出现的同时，一般都有黑尾胡蜂出现。金环胡蜂围攻蜜蜂时，黑尾胡蜂常趁火打劫。

3. 黄腰胡蜂［*Vespa affinis*（*Linnacus*）］　属中型胡蜂，体长 20～25 毫米不等。黄腰胡蜂飞行快，灵活，单只危害蜜蜂。到蜂场的次数最多。危害蜜蜂时，先飞至巢门前地面上，伺机捕捉蜜蜂，捉到 1 只后马上起飞，远离蜂场，过一段时间返回继续危害。危害期在 8～11 月中旬。在蜂场出现的天气、时间及攻击对象都不定，但日照较强时出现多。

4. 小金箍胡蜂（*Vespa tropica hacmatodes* Bequaert）　属中型胡蜂，体长 25～28 毫米。单只危害蜜蜂，数量少，危害情况似黄腰胡蜂。

【防治方法】

1. 加固蜂箱　为了防止胡蜂由巢门或蜂箱其他孔洞钻入箱中，应加固蜂箱。巢门应加防护片或用铁钉在巢门前钉成栅栏。

2. 拍打法　胡蜂危害严重时期，要有专人守护蜂场，及时拍打胡蜂。使用木板、羽毛球拍等物品拍打蜂场附近飞行的胡蜂。胡蜂飞行迅速，但在蜂箱门口等候机会捕食蜜蜂时会悬停空中，此时是出手的最好机会。此法实用性强，尤其是羽毛球拍灵活快速，但缺点是费时费工，需要长时间守候。需要注意的是，一般拍打不足以致胡蜂立即死亡，有的只是导致一些轻微伤，需要马上跟进踩死。在胡蜂出现的高峰期守候拍打，一般1周后可见胡蜂数量明显减少。

3. 捕虫网捕杀 使用捕虫网先将胡蜂罩住，然后可以选择直接杀死或抓住以用于其他用途，如入药、泡酒等。此法也是比较有效防除胡蜂的方法，但同样费工费时。

4. 糖水诱杀法 取一个塑料矿泉水瓶，装入约为瓶体容量 1/3 的 50% 蔗糖水，悬挂于蜂场附近的树杈上，每隔 5～6 个蜂箱放置 1 个。附近飞翔的胡蜂会钻进瓶口，但易进难出，掉进糖水内即被淹死。此法不会引起盗蜂，无须担心对蜂群的影响，省时省力，诱杀效果很好，但要注意，需经常清理瓶内的胡蜂尸体，否则不容易淹死后来的胡蜂。

胡蜂是蜜蜂的敌害，但它却是一些害虫的天敌，对农业生产有益，所以要分清胡蜂种类，合理防治，不要一看到胡蜂窝，就不分清红皂白，一概毁除。

第八章
蜂产品生产技术

一、蜂蜜生产技术

（一）分离蜜生产

分离蜂蜜是利用分蜜机的离心力将贮存在巢房里的蜂蜜甩出来，并用容器承接收集。

1. 蜂蜜生产群组织和管理

（1）**组织强群**　生产蜂蜜要求群势强大、采集力强、分蜂性弱、管理容易等特点。

第一步：组织采蜜群在大流蜜期前的1个月，在8～9框蜂的巢箱上再加一个继箱，巢箱和继箱中间不用隔王板。蜂王喜欢在继箱中产卵，要保持继箱中更多的空脾供蜂王产卵。巢箱里可由6张巢脾加入2张巢础框，巢础框与巢脾间隔摆放。从巢箱提到继箱3～4张巢脾，再放进3张巢础框，巢础框与巢脾间隔摆放。如果群势不足，可合并、调整蜂群。按上面的方法将蜂蜜生产群组成10足框的强群。

第二步：换新王，新王控制分蜂能力强，在大流蜜前40～50天将全场蜂王全部更换，采用王笼间接诱王的方法将新王诱入生产群，可保留老蜂王。当老蜂王接受新王后，将新王从王笼中放出，一般情况下，老蜂王会被自然淘汰。也可以在巢箱中保留老蜂王，将封盖6天的成熟王台诱入蜂蜜生产群的继箱中。继箱开巢门，待新王出台后出巢交尾。诱王后第15天，去除隔王板，关闭继箱巢门。新蜂王和老蜂王相遇后，不管两代蜂王是和谐相处还是老蜂王被淘汰，都说明换王成功。

（2）加贮蜜继箱 流蜜期及时扩脾能多生产蜂蜜。巢内空巢脾能增加工蜂的采集积极性，所以流蜜期要及时扩脾，增加巢内贮蜜空脾。如果空巢脾不够，也可加入巢础框。但流蜜期造脾会影响蜂蜜产量，增产效果不如扩脾。

产蜜过程中要根据泌蜜量和蜂群的采集能力添加继箱，如果蜂群每天进蜜2千克，相应7～8天增加1个标准继箱；每天进蜜3千克，4～5天加1个标准继箱；每天进蜜4千克，相应2～3天加1个标准继箱。

贮蜜时加继箱最好用浅继箱，浅继箱的高度为标准继箱的一半。浅继箱的特点是贮蜜集中、蜂蜜成熟快、封盖快，尤其在流蜜后期能避免蜜源突然中断时贮蜜不足或分散。

大流蜜期到来后，将育虫区压缩到一个箱体，将蜂王限制在巢箱内。新加的贮蜜继箱加在育虫巢箱上面，减少采集蜂在蜂箱内的爬行距离，提高采蜜效率。当第

一继箱贮蜜到 80% 时，可增加第二继箱，然后按照上面
步骤增加，直到流蜜期结束。

2. 蜂蜜采收 一个流蜜期结束后就可以采收蜂蜜
了。小型蜂场用摇蜜机人工取蜜，规模化取蜜是在取蜜
车间取蜜。不管是小型蜂场还是规模化生产，蜂蜜采收
都要经过脱蜂、分离蜂蜜、过滤分装的步骤。

（1）**蜂蜜采收前期准备** 如果是成熟的封盖蜜，因为
蜂蜜含水量低、黏度大，在常温下不易分离。所以要在取
蜜前一天，将蜜脾从蜂箱内取出，放入 35℃ 房间内，放
置一夜后，蜜脾温度接近蜂箱的温度，这样更易于将蜂蜜
从蜜脾中分离。在生产蜂蜜的当天早上清扫蜂场并洒水，
保持生产场所及周围环境的清洁卫生。用清水冲洗生产工
具，全密闭容器等与蜂蜜接触的一切器具晒干备用，必要
时使用 75% 酒精消毒。生产人员穿着工作服戴帽子、戴
口罩，注意个人卫生，以及必要的防护着装。

（2）**脱蜂** 蜂箱打开后，将蜜脾取出，然后将蜜脾
上的蜜蜂脱除。脱蜂的方法有几种，如吹蜂机脱蜂、脱
蜂板脱蜂、人工抖蜂等。一般小型蜂场都采用人工抖
蜂方法。规模化蜂场用吹蜂机比较多，高效清洁，且
不伤蜂。

（3）**切割蜜盖** 取蜜前要将蜜脾的封盖割掉，一般
采用割蜜刀。割蜜刀分为普通割蜜刀、电热式割蜜刀。
普通割蜜刀效率低，小型蜂场常采用。电热式割蜜刀的
效率高，稍大规模蜂场常采用。大型蜂场可采用机械切
割蜜盖机来割蜜盖。切割下来的蜜盖用干净的容器盛装，

等采收完蜂蜜后再进行蜜蜡分离。

（4）**分离蜂蜜** 一般小型蜂场用手动摇蜜机就可以。将重量相当的蜜脾对称放入摇蜜机中，先慢速摇动手柄，再逐渐加快，用力要均匀。整个过程速度不能过快，避免损伤巢脾。如果蜂蜜浓度高，蜜脾中的蜂蜜因为比较黏稠不易从脾中分离。在蜜脾中蜂蜜摇出一半左右时，要将巢脾翻转后再放入摇蜜机中，继续摇取蜂蜜。规模化蜂场将蜜脾脱蜂后，运送到室内，在取蜜间完成切割蜜盖、分离蜂蜜、分离蜜蜡的工作。

（5）**蜜蜡分离** 小型蜂场分离蜂蜜前切割下来的蜜盖要使蜜蜡分离，可以将蜜盖放在尼龙网上或不锈钢纱网上，下面用容器接住滤网滤下的蜂蜜。规模化蜂场可使用蜜蜡分离装置来分离蜜蜡。

3. 蜂蜜过滤分装 取出的蜂蜜经过双层尼龙纱网过滤，去除蜂蜡、蜂尸等杂物，将蜂蜜收集在大口容器中静置，待1～2天细小泡沫和蜡屑浮上表层，沙粒等杂物沉落容器底部。再将表面泡沫撇掉，去掉底部杂物，得到的纯净蜂蜜就可以装桶封存。

取蜜结束后，要及时清理蜂蜜分离机，并清理取蜜场所，防止发生盗蜂。

分离好的蜂蜜要按照品种、等级装入蜂蜜专用容器中并贴上标签，标注好蜂蜜的品种、浓度、产地、等级等信息。在采收和贮运过程中，要避免与金属过多接触，以防蜂蜜被重金属污染。蜂蜜装入容器不得过满，防止胀桶。

（二）巢蜜生产蜂群组织和管理

蜜蜂将花蜜酿造成熟贮满蜜房、泌蜡封盖并直接作为商品被人食用的叫巢蜜。

巢蜜的品种一般分为：格子巢蜜、专用格子巢蜜、切块巢蜜、大块巢蜜、混合巢蜜和半巢脾巢蜜等。巢蜜价格比分离蜜高，市场销量看好。

1. 巢蜜生产设备和工具　包括专用浅继箱、方形巢蜜格（木质或塑料）、专用巢础、蜡管固定器、巢蜜隔板（栅）、巢蜜格承架、巢蜜继箱弹簧、楔条等。专用浅继箱高度为 140 毫米。

（1）巢蜜格　可用无毒食品塑料或薄木片制成的小框格，一般大小为 98 毫米×72 毫米×26 毫米（不带蜂路）及 100 毫米×70 毫米×30 毫米（带蜂路）两种。

（2）巢础　用纯净蜂蜡特制的薄型巢础。尺寸大小、形状按巢蜜格规定裁定，并嵌入巢蜜格框边槽内，用融化蜂蜡固定。

（3）巢蜜框或托架　供安装巢蜜格用。巢蜜框可用一般巢框改装，亦可按巢蜜格尺寸特制，要求可拆、可卸、可装，可同时拼合几个巢蜜格。托架可用铝皮或马口铁制成"T"形板条，可按倒"T"形直接钉在开有槽口的浅继箱底部，起支持巢蜜格的作用。根据实际情况决定巢蜜格数目。

（4）其他　包括隔板、人工饲喂器等。

2. 巢蜜生产前准备

（1）**蜜源选择** 生产巢蜜的蜜源必须花期长、泌蜜量大。要选择蜂蜜优质、不易结晶、色泽浅、气味芳香的花源，如刺槐、党参、紫云英、荆条、椴树、苜蓿、柑橘、荔枝、龙眼、草木樨等，都是巢蜜生产的理想蜜源。另外，要避开胶源，生产巢蜜要避开林木茂盛、胶原丰富的场地。

（2）**蜂群组织** 生产巢蜜的蜂群要求造脾能力强、采集积极、群势强大，也就是需要大量适龄采集蜂和泌蜡的强群。

（3）**蜂群管理**

第一，造好巢脾。为了使巢蜜格内巢础尽快修造成贮蜜的巢脾，应保持箱内有充足的粉蜜饲料，并使蜂脾相称或蜂多于脾。

第二，要及时添加继箱。当蜜源进入大流蜜后，巢蜜格上蜜很快，在巢蜜格内贮蜜五成以上，即可添加第二浅继箱。

第三，做好蜂群的补给饲喂。补充饲喂必须用同一种花源的分离蜜，以保证花蜜纯净单一，具有独特风味。饲喂时，要谨防盗蜂发生，不可将蜜汁滴落箱外。

第四，预防分蜂。因为生产巢蜜要使用浅继箱，蜜蜂较拥挤，通风较差，蜂群很容易发生分蜂。

第五，在生产巢蜜时，严禁使用抗生素、治螨药剂等，以防药物污染蜂蜜。

3. 巢蜜生产

（1）**格子巢蜜生产** 巢蜜格有方形、圆形、心形、特制形状等。格子巢蜜还分单面巢蜜和双面巢蜜，大小可根据巢蜜的重量和蜂箱内部尺寸来定。

生产巢蜜必须用优质新鲜纯蜂蜡制作的巢础。巢础的大小和形状，应根据巢蜜格的规格切割。巢蜜格上础的主要工具是多组木块装巢础垫板。多组木块装巢础垫板是将大小比巢蜜格内围规格小1～2毫米，形状与巢蜜格相似的木块，黏着在木板上制成。每块木块上黏附的小木块数量可根据需要调整，小木块的厚度略小于巢蜜格厚度的一半，使巢础正好能镶嵌进巢蜜格中。使用时，将巢蜜格套放在木块上，将切好的巢础放入巢蜜格内，用融化的蜂蜡或埋线器将巢础固定在巢蜜格中。

（2）切块巢蜜和混合巢蜜的生产　切块巢蜜和混合巢蜜都是用大块巢蜜加工而成，大块巢蜜就是在浅继箱中，用优质纯蜂蜡特制的特薄巢础修造新脾，并贮满成熟蜂蜜的封盖蜜脾。将大块巢蜜切割成一定大小和形状，再进行包装就成为切块巢蜜。将大块巢蜜切成小蜜块，放入透明的容器中，并在容器中注入同蜜种的分离蜜，就成为混合巢蜜。

生产大块巢蜜，先将特薄巢础镶嵌在浅继箱中的巢框上，放入强群中造脾贮蜜。当蜜脾封盖后，脱蜂取出，将蜜脾从巢框上割下来。大块巢蜜生产为防止蜂王爬到继箱上产卵，巢础继箱中间应加隔王栅。大块巢蜜的上础，巢础不能穿铁线。大块巢蜜的巢框规格一般为425毫米×107毫米或425毫米×136.5毫米，上梁开有可嵌入巢础的槽。上础的简便方法是将巢础放在巢础垫板上，巢框套在巢础垫板上，将巢础嵌入上梁的槽中，最后用熔化的纯蜂蜡固定。

大块巢蜜封盖后，脱蜂取出，就可生产切块巢蜜或混合巢蜜。

4. 巢蜜采收　及时多次调整蜜脾在继箱内的位置，将边侧的调换到继箱中间，直到中间的蜜脾全部造好或少量封盖。当巢蜜格内蜜贮满并完全封盖时，应及时分批分期从箱内取出，以免巢蜜颜色加深。

采收蜂蜜时，轻轻抖落蜜蜂，用蜂扫小心扫净余蜂。应避免将封盖损坏，同时驱除蜜蜂不可熏烟，以防烟灰污染及蜜蜂吮吸蜂蜜。采收到的巢蜜可用不锈钢薄刀进行修整，削除多余蜡屑、蜂胶；也可用酒精药棉清除蜂胶的斑迹，使外观清洁。

二、蜂王浆生产技术

生产蜂王浆的原理就是模拟蜂群培育蜂王的特点，然后仿造和引诱工蜂分泌蜂王浆。

（一）生产蜂王浆主要工具

生产蜂王浆的主要工具有台基条、移虫笔、产浆框、刮浆板、镊子、王台清蜡器、不锈钢割台刀等。

（二）王浆生产期蜂群管理

1. 组织产浆群　生产王浆必须有强群。生产蜂王浆

时，无论是继箱群还是平箱群，都需要用隔王板隔成有
王区和无王区，也叫育虫区和产浆区。育虫区由 1 只蜂
王和 4～6 个巢脾组成，有蜜粉脾、蛹脾和供蜂王产卵
的空脾。产浆区由 5 个以上巢脾组成，区内放 1～2 个
蜜粉脾和大量幼虫脾。小幼虫脾放中间位置，吸引哺育
蜂来哺育。产浆框插在小幼虫脾之间或蜜粉脾和幼虫脾
中间。

2. 培育适龄幼虫 为了方便快速移虫，可以组织部
分双王群，中间用闸板隔开，每区放入 3～4 张脾，靠
近闸板处放空脾供蜂王产卵，外侧为蜜粉脾。提供移虫
用的空巢脾最好是棕色或浅棕色的巢脾，容易看清幼虫，
蜂王也喜欢在上面产卵。

也可组织多王群，让多只蜂王在 1 张巢脾上产卵，
便于生产蜂王浆时得到虫龄一致的小幼虫。多王群组织
分为直接组织法和间接组织法 2 种。

（1）**直接组织法** 选择同一批培育出来的蜂王，个
体大小相近，已经产卵 6 个月以上的。将蜂王捉住，用
手术剪剪掉部分上颚和 1/2 前翅，并及时在上颚伤口处
涂上新鲜蜂王浆，然后将处理好的蜂王放回原群，让蜂
王的伤口愈合 3～4 天。

在预处理蜂王的当天，从强群中抽出 4 张巢脾组成
无王群，包括 2 张正在出房封盖子脾、1 张幼虫脾、1 张
蜜粉脾。组织好的无王群要距离抽出巢脾的强群 10～20
米，让采集蜂回到原蜂群，之后每天要除掉蜂群中出现
的改造王台。组织无王群的第 3～4 天，蜂王伤口基本

愈合，然后将多只已处理过的蜂王从群中捉出，放入无王群中不同的巢脾上，就组成多王产卵群。

（2）**间接组织法**　选择同一批培育出来的蜂王，个体大小相近，已经产卵 6 个月以上的。在组织多王群前 3 天，捉住蜂王，小心剪去 1/2 前翅、1/3 上颚和螫针，并及时在伤口涂上新鲜蜂王浆，然后将处理好的蜂王放回原群，让蜂王的伤口愈合 3～4 天。在预处理蜂王的当天，从强群中抽出 4 张巢脾组成无王群，包括 2 张正在出房封盖子脾、1 张幼虫脾、1 张蜜粉脾。组织好的无王群要距离抽出巢脾强群至少 10～20 米，让采集蜂回到原蜂群，之后每天要除掉蜂群中出现的改造王台。组织无王群的第 3～4 天，蜂王伤口基本愈合，然后将多只已处理过的蜂王放在带盖的玻璃杯中，蜂王开始会有厮打现象，厮打严重时要人为干预。当蜂王厮打 1 小时左右，会出现互相舔舐的现象，这时候可以将蜂王放入提前组织好的产卵群里。24 小时后，紧缩巢脾到正常的蜂路，形成多王产卵群。

（三）人工移虫生产蜂王浆过程

人工移虫生产蜂王浆过程分为：装框、清台、移虫、插框、补移和取浆 5 个步骤。

1. 安装浆框　用塑料王台生产的，每框装 4～10 条，用金属丝捆绑在浆框条上。塑料台基条用几次后，应清理一次浆垢和残蜡，清水冲洗再继续使用。

2. 清台　将安装好的浆框插入产浆群中，让工蜂修

理 2～3 小时，便可取出移虫。凡是头一次使用的塑料
王台条要用温水、洗涤剂清洗，待晾干后再安装在产浆
框上，然后放入蜂群中让工蜂清理 12～24 小时，正式
移虫前，每个台基点上些鲜王浆，可提高接受率。

3. **移虫**　将产浆框放在巢脾上，并将产浆框上的王
台条调整到台口冲上，再用移虫针的舌头顺着巢房壁伸
入幼虫体下的王浆底部，然后轻轻提起，将幼虫连浆一
同移出，再将移虫针伸到王台基底部用手指轻轻压弹簧
推杆，将幼虫和王浆一同推进台内，移好一框后将王台
口朝下放置，加入产浆群内。移虫过程中一定要轻、快、
准，一次挑起来，一次放下，不损伤幼虫，否则应放弃
重移。最佳的移虫虫龄为孵化后 12～18 小时的幼虫。
这个时间段的幼虫外形特征为刚刚弯曲，呈铲形，而且
浸没在王浆里。

4. **插框**　移好虫的产浆框应及时加入产浆群，将王
台口朝下，插在蜜粉脾和幼虫脾中间，让其一侧有幼虫
脾。10 框蜂群以内插入 1～2 个王浆框，10 框以上蜂群
内插入 2～3 个。

5. **补移**　产浆框插入产浆群 3～4 小时后，轻开箱
检查王台接受情况：已经接受的幼虫，王台外面会有很
多蜜蜂围护着，台内有工蜂分泌的王浆；未被接受的幼
虫已经被工蜂清理走，需要及时补移幼虫。

6. **取浆**　移虫 68～72 小时后，下午 1～3 时从蜂
箱里提出产浆框，轻轻抖落附着的蜜蜂，再用蜂扫扫去
余蜂。取出浆框时观察王台接受情况，王台颜色和蜂王

浆颜色是否丰盈，如果王台内蜂王浆充足，可再加一条台基；反之，可减一条台基。同时在箱盖上做上记号，如"6条""10条"等字样，在下浆框时以免失误。

用不锈钢割台刀割除加高的王台台壁，然后用镊子夹出王台里的幼虫，再用刮浆笔取出王台中的蜂王浆，取出的王浆收集在王浆瓶中。取完王浆，及时把王浆瓶密封并放入冰箱中冷冻保存。取完王浆的产浆条可继续移虫生产。

（四）免移虫法生产蜂王浆

免移虫法生产蜂王浆过程中，不需要进行人工移虫。这样能提高产浆效率，还可以解决视力不好的养蜂者不能移虫生产蜂王浆的问题。

免移虫法生产蜂王浆需要使用人工塑料空心工蜂巢础，在空心巢房位置设计有王台座，放入蜂群中，让工蜂进行造脾。待人工巢础造好巢脾后，让蜂王在巢础上产卵。当巢房中的卵孵化成小幼虫后，从人工塑料巢脾上取出托虫器，并将托虫器安装在底座带孔的王台条上。然后将产浆条放入蜂群中进行蜂王浆生产。

1. 免移虫生产器　主要包括人工塑料空心巢础、托虫器产浆条、产浆条盖板等。

（1）人工塑料空心巢础　正面是工蜂巢房房基，约有 3 000 个工蜂巢房房基。其中有 16 排空新巢房房基，每排有 32 个空新巢房房基。整个人工塑料巢础有 512 个空新巢房房基，约占总巢房房基的 17%。人工塑料空心巢础反面带有 26 条加固筋。

（2）**托虫器**　其可以与人工塑料巢础空心巢房房基相连，也可以与带孔的王台底相连，主要用来承接蜂王产的卵和小幼虫。16 个王台座组成一条，并在王台座反面加长加粗，以便手工取放。

（3）**产浆条**　由双排带孔的王台组成，每排有 32 个带孔的王台，共计 64 个王台。

（4）**产浆条盖板**　其作用是提高免移虫蜂王浆生产效果，防止工蜂在托虫器与产浆条组合的间隙处泌蜡。由 4 根产浆条组合 1 个产浆框。

（5）**免移虫清台器**　主要用来清理王台中的蜂蜡。

2. 生产过程

（1）**空心巢础造脾**　先组装好空心巢础框，再组织蜂群造脾。为了让蜜蜂接受空心巢础并尽快在空心巢础上造巢脾，要先将空心巢础放入提前熬煮好的老巢脾水中浸泡 24 小时，取出晾干后备用。

①空心巢础上蜡　上蜡的方式有两种，一是用排刷在空心巢础正面的房基上刷上一层薄蜂蜡。二是在大的铁容器中熬煮蜂蜡水，蜡的浓度为 5%～10%。蜡水熬煮好后，拿住空心巢础一头快速浸入蜡水，快速取出，迅速抖动，再按上面方法将另一头涂好蜡。

②造脾蜂群处理　造脾蜂群应选择强群，群内保证蜜粉充足。首先对蜂群缩脾，留 4～5 张脾，保持蜂多于脾，加入处理好的空心巢础。空心巢础比蜡质巢础造脾速度慢，如果不是大流蜜期，每晚都要对造脾蜂群奖

励饲喂，以促使其造脾。若蜜源好，蜂群群势强，一般5～10天能完成造脾任务。

当空心巢础框造好巢脾后，要及时将巢脾从蜂群中抽出以备产卵用。如果空心巢础里有蜜粉，要清除后再使用。每次至少要造4张单面空心巢础脾或4张双面空心巢础脾，才能保证免移虫产浆循环使用。

（2）**产卵群组织和分区管理**　组织产卵群就是为生产蜂王浆提供日龄相近的小幼虫。为了使托虫器同时得到足够的1日龄小幼虫，要组织多王产卵群或单只新王产卵群。

在组织产卵群的第2天，用改造的框式隔王板（薄木板或塑料片盖住一多半隔王栅）将蜂群分为产卵区和孵化区，产卵区巢门关闭，孵化区巢门正常开放。在产卵区，放入1张单面或双面的空心巢础脾，让1只新王或多只新王在空心巢础脾上产卵。为了保温，单面的空心巢础脾要让有巢房的那面对着隔王栅。

（3）**生产蜂王浆**　准备好4张单面或双面空心巢础脾后，就可以正式组织蜂群生产蜂王浆，过程有清台、产卵、取虫、插框和取浆5个步骤。

①清台　将生产蜂王浆的王台条和托虫器放在老巢脾水中浸泡24小时，取出晾干，安装在产浆框上，再放入产浆群中让工蜂清理1天。

②产卵　先将4张已清理好的空心巢础脾，分别在巢脾框梁上用彩色笔标注1、2、3、4号。将1号空心巢础巢脾放入产卵群中，让蜂王在空心巢础巢脾上产卵3

天。第2～4天，将2、3、4号巢脾分别放入其他3群蜂中，让蜂王在空心巢础巢脾上产卵3～4天。

蜂王在1号脾上产卵3天后，如果达到巢房产卵90%以上，提出1号脾，并从1号脾背面取出托虫器，清除托虫器上的小幼虫和卵，重新将托虫器放进去，再将1号脾放入蜂群中，让蜂王再产卵24小时（为保证幼虫都是1日龄，只能产卵24小时）。提出1号脾并抖落脾上的蜂王，放入孵化区孵化。

接着，将2号脾从蜂群中取出，重复1号脾的动作，再次放入孵化区。3、4号也重复操作。当4号脾放入孵化区时，可提出1号脾，这时候1号脾中托虫器上的卵已经孵化为1日龄小幼虫。

③取虫　当已产卵的空心巢脾在孵化区孵化3天后，取出托虫器，安装在产浆框上进行蜂王浆生产。在取托虫器时，动作要轻、快、稳，托虫器装入产浆条要压紧实，否则会影响王台的接受率，最后安装产浆条盖板。从空心巢础脾取下托虫器后，及时在空心脾上安装空的托虫器，并放入产卵群继续产卵。

④插框　将产浆框及时插入产浆群时，尽量插在幼虫脾和蜜粉脾之间，一般8～11框蜂群插入1个产浆框。当外界蜜源丰富时，12框以上的蜂群可以插入2个产浆框。

⑤取浆　插框68～72小时后，从产浆群中提出产浆框，先轻轻抖落产浆框上的工蜂，再用蜂扫扫除余蜂，然后取蜂王浆。取完蜂王浆后的产浆条，用免移虫清台

器对王台进行清理后，可继续安装带小幼虫的托虫器，循环生产蜂王浆。

（五）机械化取蜂王浆

为提高蜂王浆产量，解放养蜂人，有人设计发明了一套与免移虫生产蜂王浆技术配套的机械化取浆系统。主要包括蜂王浆产浆割蜡器和蜂王浆喷雾取浆机。用蜂王浆产浆割蜡器和蜂王浆喷雾取浆机进行机械化取浆，其过程有割台、喷浆、过滤、收浆、清洗 5 个步骤。具体操作依取浆机的型号可能有所不同。

三、蜂花粉生产技术

蜂花粉是蜜蜂从粉源植物花朵的雄蕊上采集的花粉，蜜蜂在其中加入了一些花蜜和唾液并用后足花粉筐携带回蜂巢的花粉团，呈颗粒状。花粉采收的原理是迫使携带花粉归巢的工蜂，通过特定大小的孔洞进入蜂巢，其携带的花粉团被截留下来，再进行收集、干燥等处理。

（一）蜂花粉采收蜂群管理

1. 选择粉源丰富的放蜂场地　尽量选择大面积种植的油菜、茶花、荷花等场地，要求是粉源的下风向。蜂场周围 3 千米范围内都有丰富粉源，保证工蜂归巢路程不太远。

2. 培育大量适龄采集蜂　生产花粉的蜂群群势要适

当，过强和过弱都不适宜。这样既有足够采集蜂，又不会造成巢门拥堵，降低采收效率。蜂群的群势以 8～10 框蜂为宜。

3. 保证巢内贮蜜充足　如果巢内存蜜不足，一部分采集蜂会分散去采蜜。为了蜂花粉增产，要适当奖励饲喂。

4. 保证巢内贮粉适当　巢内贮粉不足时蜂群会本能地限制蜂王产卵，甚至移除正在发育的卵虫，使巢内卵虫减少，从而影响蜂群采粉积极性。巢内贮粉过多，蜜蜂就不再积极地采粉。粉源丰富的时候，脱粉要及时不间断。

（二）蜂花粉采收

1. 脱粉器选择　脱粉器的类型很多，选择脱粉器主要根据所饲养蜂种的个体大小、脱粉板的材料及加工制造方法决定，其原则是既不能损伤蜜蜂，让蜜蜂进出自如，又要保证脱粉效果达到 75% 以上。脱粉孔的孔径，西方蜜蜂为 4.5～5 毫米，一般情况下 4.7 毫米最合适；东方蜜蜂为 4.2～4.5 毫米。

2. 脱粉器安装　当蜂群大量采进蜂花粉时，将蜂箱前的巢门挡取下，在巢门前安装脱粉器。安装脱粉器前，先将生产群蜂的蜂箱前壁与巢门板擦洗干净。安装工作应选在蜜蜂采粉较多的时候。为防止蜜蜂偏集，应该全场同时安装脱粉器。

适宜的采粉时间一般是雨后初晴或阴天湿润的天气，这时候蜜蜂采粉较多，花粉易黏附在蜜蜂身上。

脱粉器放置的时间长短，可根据蜂群的花粉贮存量、日采集量决定。脱粉强度以不影响蜂群的正常繁殖发展为度。一般情况下，每天的脱粉时间为 1～3 小时。

每天脱粉结束后，要及时拆除脱粉器，清洗干净，下次备用。收取蜂花粉后进行干燥处理。

3. 蜂花粉干燥　刚采收的蜂花粉含水量一般在20%～30%，采收后要及时进行干燥，不然很容易霉变，常用的蜂花粉干燥方法有日晒、自然风干、恒温干燥箱烘干、真空冷冻干燥等方法。有条件的采取真空冷冻干燥，最有利于保持蜂花粉的营养。

四、蜂胶生产技术

蜂胶生产主要结合蜂群管理，利用覆布、尼龙纱和双层纱盖等收取，利用集胶器集取。专门生产蜂胶要求外界最低气温在 15℃ 以上，蜂场周围 2.5 千米范围内有充足的胶源植物，蜂群强壮、健康无病，饲料充足。

（一）蜂胶生产操作方法

1. 覆布、尼龙纱、双层纱盖产胶法　采胶覆布一般用优质较厚的白布、麻布、帆布。覆布盖在副盖或隔王栅下方的巢脾上梁，在梁框上放 3 毫米的竹木条，再盖上盖布。

检查蜂群时，打开蜂箱，揭开覆布，刮取蜂胶后再盖上。覆布放回蜂箱时，要将沾有蜂胶的一面朝下，保持蜂胶沾在覆布的一面上。放在隔王栅下方的覆布不能将隔王栅整个遮住，要留出 10 厘米的通道，让蜜蜂通行。

炎热天气可用尼龙纱代替覆布集胶。双层纱盖取胶，是利用蜜蜂常在铁纱副盖上填积蜂胶的特点，用图钉将普通铁纱副盖无铁纱的一面钉上尼龙纱，形成双层纱盖。将尼龙纱的一面朝向箱内，让蜜蜂在尼龙纱上集胶。

2. 集胶器产胶 目前市场出售的集胶器主要有塑料和竹木两种。用集胶器取胶时，用其代替副盖使用就可以，上面盖覆布。天气炎热时，将覆布两头折叠 5～10 厘米，利于通气和积累蜂胶，转地时取下覆布，落场时盖上。蜂胶黏在集胶栅上要经常刮取。

（二）蜂胶生产注意事项

（1）蜂胶生产期间，不能随便对蜂群用药，避免污染蜂胶。

（2）采收蜂胶要注意清洁卫生，蜂胶内不能混入泥沙、蜂蜡、蜂尸、木屑等杂质。蜂胶不能与金属接触。将不同日期、生产方法、部位生产的蜂胶分别用塑料袋密封保存，并标注生产地点、日期、胶源植物等信息。

（3）采收后的蜂胶不能水煮加热或暴晒。

五、蜂蜡生产技术

（一）蜂蜡来源

蜂蜡的来源途径有很多，主要是日常生产积累下来的。

（1）蜜蜂造脾积累蜂蜡，流蜜期的时候摇蜜割下的蜜盖，蜂巢中蜜蜂修造的赘脾。

（2）检查蜂群时割下来的雄蜂房，生产王浆时割掉的台基口。

（3）加脾扩巢时割下来的巢房加高部分。

（4）从越冬蜂巢中掏出来的蜜盖蜡屑。

（二）蜂蜡榨取方法

1. 简易的压蜡热榨法　将收集的原材料捣碎，用清水浸泡数日，倒掉脏水，过滤掉污物。然后架大锅将原料加热煮沸，充分搅拌，蜂蜡熔化后浮在上面，趁热用纱网过滤，滤液用凉水盆接盛。锅中蜡渣可多次加热过滤。

2. 蒸汽加热法　蒸锅上加箅子，将收集来的原材料铺在箅子上，盖上锅盖，加热产生的蒸汽使蜡液熔化，并流入锅内沸水中。蒸煮半小时后关火，待蜡液冷却并结成块，刮除底部杂质，就可得到纯净的蜂蜡。剩下的余渣收集后还可以按以上步骤再次进行化蜡。

3. 热压法　将原料装入麻袋或尼龙袋，扎紧袋口，放入大锅内大火煮沸，让蜡液渗出袋外流到沸水中。半小时后，取出袋子，关火冷却，待蜡液凝结成块后，刮除底部杂质，可得到部分纯净的蜂蜡。

取出的麻袋乘热用简易榨蜡器将剩余的蜂蜡从袋中挤出。简易榨蜡器可用一条凳子和一块木板组合，将木板的一端与条凳的一端捆绑在一起，再将袋子置于木板与条凳之间即可。条凳下用盛有冷水的大盆盛接蜡液。

4. 榨蜡器提取法 主要设备为螺旋榨蜡器,它由螺旋压榨杆、铁架、压榨桶、上挤板、下挤板组成。使用时,将蒸煮后的原料装入麻袋或尼龙袋内,扎紧袋口。将袋子放于压榨桶的下挤板上,盖好上挤板,然后旋转螺旋压榨杆。蜡液从袋子内挤出,从压榨桶底部出口流出。为提高工效,压榨桶设计成可通入蒸汽或使用加热器等装置。

(三)蜂蜡提取过程注意事项

为防止蜂蜡颜色深化,加工过程中要注意以下问题:

(1)收集原料时应该尽量避免死蜂等杂质。

(2)旧巢脾榨蜡前要去除其中的铁丝、铅丝等异物。

(3)用加热法榨蜡时,温度控制在85℃以下。

(4)旧脾、蜜盖等原料应及时化蜡,以免巢虫破坏。

(5)提炼过程中,应减少蜡液与铜、铁、锌等金属的接触,以防蜂蜡被污染。

(四)蜂蜡保存

提炼好后的蜂蜡按质量标准分类,分开包装,并密封保存在干燥通风处。

第九章
蜜蜂授粉技术

一、利用蜜蜂授粉作物种类

    利用蜜蜂授粉的作物也就是蜜粉源植物，蜜粉源是养蜂生产的基本条件，一个地方是否适合养蜂，可以养多少蜂，往往取决于蜜粉源的丰富程度。利用蜜蜂授粉增产和提高品质效果显著的主要作物有农作物、经济林木、牧草三大类，农作物包括经济作物中的棉花、油菜、向日葵、芝麻、莲、黄瓜、春砂仁，粮食作物的荞麦、大豆；经济林木以荔枝、柑橘、油茶、苹果、梨、枇杷、柿、枣、猕猴桃为主；在牧草中，主要是红豆草、小冠花、白车轴草、紫苜蓿、紫云英、苕子、沙打旺、草木樨等豆科牧草。温室瓜果如黄瓜、青椒、西葫芦、茄子、草莓、油桃等设施作物的授粉，在我国长江以北地区被广泛推广，成为有偿授粉的代表性项目。

    目前，我国能为蜜蜂授粉的蜜粉源植物达万种以上，分别隶属 141 科。主要蜜源植物是指泌蜜量大，能够获得商品蜜的蜜源植物；蜜蜂能够利用但不能生产商品蜜的蜜源植物称为辅助蜜源。全国性和区域性的主要蜜源植物有 30 多种，重要的辅助蜜粉源植物有 120 多种。

1. 油菜　别名芸薹、菜薹，十字花科。我国油菜栽培面积约为 554 万公顷，分布区域广，类型品种多。花期因地而异，花期较长，蜜粉丰富，蜜蜂喜欢采集，是我国南方冬春季和北方夏季的主要蜜源植物。油菜开花期因品种、栽培期、栽培方式及气候条件等不同而异，同一地区开花先后顺序依次为白菜型、芥菜型、甘蓝型。白菜型比甘蓝型早开花 15～30 天。油菜的群体花期一般为 30～40 天，主要泌蜜期 25～30 天，群产蜜量可达 10～30 千克或更多。开花期由南至北推迟，最早 12 月份，最晚翌年 7 月份。花期蜜粉丰富。

2. 荔枝　别名荔枝母、大荔、离枝，无患子科。原产于我国热带及南亚热带地区，全国种植面积约 7 万公顷。荔枝为常绿乔木，花小，黄绿色或白绿色。有早、中、晚三大品种。主要分布于广东、福建、台湾、广西、四川、海南、云南、贵州，其中，广东、福建、台湾和广西面积较大，是我国荔枝蜜的主产区。荔枝喜温暖湿润气候，在土层深厚、有机质丰富的冲积土上生长最好。开花期 1～4 月份，群体花期 30 天，主要泌蜜期 20 天左右。大年群产蜜量 10～25 千克，丰年可达 30～50 千克。有大小年现象，花期蜜多粉少。

3. 龙眼　别名桂圆、益智、圆眼，无患子科。龙眼是我国南方亚热带名果，全国种植面积约 75 000 公顷。龙眼为常绿乔木，花小，淡黄白色。主要分布于福建、广西、广东和台湾及四川；海南、云南、贵州种植面积较小。龙眼适于土层深厚、肥沃、稍湿润的酸性土壤，开花期为 3 月中旬至 6 月中旬，主要泌蜜期 15～20 天，品种多的地区花期长达 30～45 天，花期蜜多粉少。有大小年现象，一般群产蜜量 15～25 千克，丰年可达 50 千克左右。

4. 紫云英 别名红花草、草子、燕儿草，豆科，原产我国中南部，每年种植面积约 800 万公顷。主要分布于长江中下游及以南地区，其中种植面积较大的有湖南、湖北、江西、安徽和浙江等省。主要泌蜜期 20 天左右，早熟种花期约 33 天，中熟种约 27 天，晚熟种约 24 天。泌蜜适温为 20～25℃，空气相对湿度 75%～85%，晴暖高温，泌蜜最涌。花期蜜多粉多。群产蜜量 20～50 千克。

5. 沙枣 别名桂香柳、银柳，胡颓子科，是我国西北地区夏季主要蜜源植物。沙枣为落叶乔木或灌木，花白色。主要分布于新疆、甘肃、宁夏、陕西、内蒙古。开花期为 5～6 月份，平均气温在 16℃以上，花期长约 20天。生长在地下水丰富、较湿润的地方，泌蜜量较大。群产蜜量 10～15 千克，高的可达 30 千克。蜜粉丰富。

6. 刺槐 别名洋槐，豆科。栽种面积大，分布区域广，全国种植面积约 114 000 公顷，主要分布于山东、河北、河南、辽宁、陕西、甘肃、江苏、安徽、山西等地。开花期 4～6 月份，具体因生长地的纬度、海拔高度、局部小气候、土壤、品种等不同而异。花期 10～15

天，主要泌蜜期 7～10 天。泌蜜量大。气温 20～25℃，无风晴暖天气，泌蜜量最大。群产蜜量可达 30～70 千克，蜜多粉少。

7. 荆条　别名荆柴、荆子、荆棵，马鞭草科。华北是分布的中心，主要产区有辽宁、河北、北京、山西、内蒙古、山东、河南、安徽、陕西、甘肃。开花期 6～8 月份，花期约 30 天。因生长在山区，海拔高度和局部小气候等不同，开花有先后。浅山区比深山区早开花。气温 25～28℃，泌蜜量最大，夜间气温高、湿度大的闷热天气，翌日泌蜜涌。一天中，上午泌蜜比中午多。群产蜜量 25～40 千克。蜜多粉少。

8. 柑橘　别名宽皮橘、松皮橘，芸香科。分布区域广，现有 20 个省份有栽培，面积约为 110.63 万公顷，以广东、湖南、四川、浙江、福建、湖北、江西、广西、台湾栽培面积较大，其次是云南、贵州，其他省栽培面积小。开花期 2～5 月份，因品种、地区及气候而异，花期 20～35 天，盛花期 10～15 天。泌蜜适温 22～25℃，空气相对湿度 70% 以上泌蜜多。群产蜜量 10～30 千克，有时高达 50 千克。蜜粉丰富。

9. 苕子　别名蓝花草子、巢菜、广东野豌豆，豆科。种类多，分布广。我国约有 30 种，全国种植面积约 67 万公顷。主要分布于江苏、广东、陕西、云南、贵州、安徽、四川、湖南、湖北、广西、甘肃，新疆、东北、福建及台湾也有栽培。开花期 3～6 月份，因种类和地区不同。花期 20～25 天，泌蜜适温 24～28℃。蜜粉丰富，群产蜜量可达 15～40 千克。

10. 柿树 别名柿子，柿树科。分布广，数量多。河北、河南、山东、山西、陕西为主产区。种植后 4～5 年开始开花，10 年后大量开花泌蜜。山东、河南开花期为 5 月上中旬，花期 15～20 天。一朵花的开放期 0～5 天，早晨开放，午后即萎谢。空气相对湿度 60%～80%，晴天气温 20～28℃泌蜜量最大。群产蜜量可达 10～20 千克，蜜多粉少，有大小年现象。

11. 枣树 别名红枣、大枣、白蒲枣，鼠李科。在我国数量多，分布广。主要分布于河北、山东、山西、河南、陕西、甘肃等地的黄河中下游冲积平原地区，其次为安徽、浙江、江苏。开花期为 5 月至 7 月上旬，花期长达 35～45 天，主要泌蜜期 25～30 天。若开花前雨量充足，开花期间适当降雨，则泌蜜量大。雨水过多、连续阴雨天气或高温干旱、大风等对开花泌蜜不利。群产蜜量 15～25 千克，有时可高达 40 千克。蜜多粉少。

12. 白刺花 别名狼牙刺、苦刺，豆科。主要分布于陕西、甘肃、宁夏、山西、云南、四川、西藏等地。开花期多数地方是 5 月份，花期长约 30 天，主要泌蜜期 20～25 天。一天中上午 9 时至下午 3 时泌蜜多，气温 25～28℃，空气相对湿度 70% 以上，泌蜜量最大。高温高湿的条件下泌蜜多，高温干燥或低温寒流、连续阴雨、大风沙等天气是影响开花泌蜜的主要因素。群产蜜量可达 15～30 千克，高的可达 40 千克。蜜粉丰富。

13. 紫苜蓿 别名苜蓿、紫花苜蓿，豆科。是我国北方优良牧草，主要分布于黄河中下游地区和西北地区。全国栽培面积约 66.7 万公顷，以陕西、新疆、甘肃、山西和内蒙古栽培面积较大，其次是河北、山东、辽宁、宁夏。开花期 5～7 月份，花期约 30 天。气温 18℃以上开始泌蜜，泌蜜适温为 28～32℃，长时间干旱或刮干燥酷热风不泌蜜。群产蜜量可达 15～30 千克，高者可达 50 千克以上。蜜多粉少。

14. 大叶桉　别名桉树，桃金娘科。主要分布于长江以南地区，如广东、海南、广西、四川、云南、福建、台湾等地，湖南、江西、浙江和贵州等的南部地区也有种植。开花期 8 月中下旬至 12 月初，花期长达 50～60 天，甚至更长。群产蜜量可达 10～30 千克。

15. 乌桕　别名卷子、木梓、木蜡树，大戟科，主要分布于台湾、海南、浙江、四川、湖北、贵州、湖南、云南，其次是江西、广东、福建、安徽、河南等地。开花期多数省份在 6～7 月份，花期约 30 天。花期夜雨日晴、高温湿润，泌蜜量大；阵雨后转晴、温度高，泌蜜仍好；连续阴雨或久旱不雨，则泌蜜少或不泌蜜。群产蜜量 20～30 千克，丰年可达 50 千克以上，蜜粉丰富。

16. 老瓜头　别名牛心朴子，萝摩科，主要分布于内蒙古、宁夏和陕西三地交界的毛乌素沙漠及周围各县。开花期通常是 5 月下旬至 7 月下旬。初花期和末花期各 7～10 天，6 月上旬至 7 月上中旬为盛花泌蜜期，30～35 天。开花迟早和花期长短因当年气候变化而异，春夏低温多雨的年份，常推迟 10～15 天开花，花期也延长。群产蜜量 30～40 千克，丰年 50 千克以上。蜜多粉少。

17. 椴树 椴树科。主要分布于长白山、完达山和小兴安岭林区，主产区为黑龙江、吉林。紫椴，别名籽椴、小叶椴，开花期为 7 月上旬至下旬，花期约 20 天。糠椴开花期为 7 月中旬至 8 月中旬，花期为 20～25 天。两种椴树开花交错重叠，群体花期长达 35～40 天。大年和春季气温回升早而稳定的年份开花早，阳坡比阴坡早开花。泌蜜适温 20～25℃。高温高湿泌蜜涌。大年群产蜜量 20～30 千克，丰年可达 100 千克。

18. 向日葵 别名葵花、转口莲，菊科，主要产区是黑龙江、辽宁、吉林、内蒙古、新疆、宁夏、甘肃、河北、北京、天津、山西、山东等地。花期 7 月中旬至 8 月中旬，一个地方的花期 25～30 天，主要泌蜜期约 20 天，气温 18～30℃，泌蜜良好。开花期若遇持续晴天高温天气，则花期缩短；若阴天多，气温略低，则花期延长。适量间断性降雨，有利于泌蜜；高温干旱，则泌蜜少或不泌蜜，只提供花粉。群产蜜量 15～40 千克，高时达 100 千克。蜜粉丰富。

19. 芝麻 别名胡麻、脂麻，胡麻科，主产区为黄淮平原和长江中下游地区，其中河南、湖北、安徽面积较大。开花期早的为 6～7 月份，晚的 7～8 月份，花期长达 30～40 天。芝麻花是自下向上依次开放，植株中部的花朵泌蜜量较大，下部的花朵泌蜜量次之，顶部花朵泌蜜少。一天中清晨开始开花，6～8 时开花最盛，泌蜜最多，10 时以后开花渐少。泌蜜适温为 25～28℃，高温干旱泌蜜少；若夜间下小雨次日晴天，或雷阵雨过后晴天，则泌蜜量大。群产蜜量 10～15 千克，蜜粉丰富。

20. **棉花**　别名陆地棉、高地棉、大陆棉，棉葵科，全国大部分地区都有栽培，主要产区为黄河中下游地区和渤海湾沿岸，其次是长江中下游地区，其中山东、河北、河南、江苏和湖北面积较大。开花期 7～9 月份，花期长达 70～90 天。棉花泌蜜要求较高的温度，气温 36～39℃，空气相对湿度在 50% 以上，能正常泌蜜；35℃ 以下泌蜜减少。黄河和长江中下游的棉产区，群产蜜量 10～30 千克，高时达 50 千克。

21. **荞麦**　别名三角麦，蓼科。我国大部分地区都有栽培，主要分布在西北、东北、华北和西南，以甘肃、陕西、内蒙古栽培面积较大，其次是宁夏、山西、辽宁、湖北、江西和云贵高原。开花期大致是由北向南推迟，早荞麦多为 7～8 月份，晚荞麦多为 9～10 月份。花期长 30～40 天，初花期和末花期各 8 天，盛花期约 24 天。群产蜜量 30～40 千克，最高达 50 千克以上。蜜粉丰富。

22. **鹅掌柴**　别名鸭脚木、公母树，五加科。主要分布于福建、台湾、广东、广西、海南、云南等的山区。开花期 10 月份至翌年 1 月份，纬度高和海拔高处早开花，纬度低和海拔低处迟开花。群体花期长达 60～70 天，甚至更长。中蜂群产蜜量 10～15 千克，丰年高达 30 千克。蜜粉丰富。

23. 野坝子 别名野拔子、野苏麻、扫巴茶、皱叶香薷，唇形科，是我国西南地区山区野生的冬季主要蜜源植物，主要分布于云南、贵州、四川等地。开花期随纬度南移和海拔高度的下降而推迟，10 月中旬至 12 月中旬开花，花期 40～50 天。泌蜜适温 17～22℃。群产蜜量 15～20 千克，丰年可达 50 千克。蜜多粉少。

24. 枇杷 别名卢橘，蔷薇科。主要分布于浙江、福建、江苏、安徽、台湾等地，为冬季主要蜜源。群产蜜量 5～10 千克。

25. 柃属 别名野桂花、山桂，山茶科，广泛分布于长江以南地区和台湾、海南，少数种类北达秦岭南坡。我国柃蜜生产基地为湖北、广西、江西，其次是广东、福建、云南。中蜂群产蜜量 10～20 千克，丰年可高达 25～35 千克，最高可达 60 千克。蜜粉丰富。

二、蜜蜂为农作物授粉的效果

世界上与人类食品密切相关的作物有 1/3 以上属虫媒植物，作物通过昆虫授粉可以提高产量，改善果实、种子品质，提高后代的生活力。尽管许多昆虫如蝴蝶、苍蝇、蓟马和甲虫等都可为农作物授粉。但是，蜜蜂类昆虫具有独特的形态生理结构和生物学特性，是农作物最理想的授粉昆虫。许多农业发达国家都十分重视利用蜜蜂为农作物授粉，以改善农田的生态环境，保证粮食、油料、瓜果、牧草等农作物的优质高产。例如，美国 1998 年用于租赁授粉的蜂群达到 250 万群，每箱租赁费 29 美元，授粉增产价值达到 146 亿美元。加拿大利用蜜蜂为农作物授粉的年增产效益达 10 亿加元以上。我国需要蜜蜂授粉的大宗品种包括农作物 8～10 种、果树 10 多种、牧草近 10 种，蜜蜂对其授粉后产生的经济效益十分可观。

据专家估算，通过蜜蜂授粉后，全国油菜每年能增产菜籽 55 000 多吨，按每吨 4 000 元计算，可增值 2.2 亿元；向日葵由蜜蜂授粉后，可增加产值 4 亿多元；棉花经蜜蜂授粉后，能增产 38% 的皮棉，全国 600 万公顷棉花，如其中一半利用蜜蜂授粉，可增收皮棉约 100 万吨，可增值 70 亿元左右；荞麦利用蜜蜂授粉后能增值 1.3 亿元。仅以上 4 种大宗作物的授粉增产效益就已接近 80 亿元，若将瓜果、牧草、经济林木的授粉增产值计算在内，增值至少在 150 亿元以上。2005 年全国生产蜂蜜 18 万吨，按每吨 6 000 元计价，产值为 10 亿元；产蜂王浆 3 000 吨，按每吨 10 万元计价，产值为 3 亿元；若包括蜂花粉、蜂胶、蜂蜡等各类产品和授粉收入在内，养蜂的直接经济收入为 13 亿～15 亿元（不含蜂产品出口价值）。也就是说蜜蜂授粉实现隐性社会效益至少是养蜂直接经济收入的 10～15 倍。由此可见，蜜蜂授粉的意义十分重大。

事实证明，蜜蜂授粉的增产效果十分明显（表 9-1，表 9-2）。

表 9-1 美国每年蜜蜂授粉增产的价值

作　物	出租蜂群数（群）	授粉增产值（百万美元）
巴旦杏	650 000	360.6
苹　果	250 000	824.0
甜　瓜	250 000	254.6
苜蓿种子	220 000	68.9
李	145 000	121.2
鳄　梨	100 000	158.8
乌饭树	75 000	94.1
樱　桃	70 000	132.7
蔬菜种子	50 000	44
梨	50 000	126.6
黄　瓜	40 000	167.0
向日葵（杂种）	40 000	6.1
酸果蔓	30 000	170.9
猕猴桃	15 000	13.5
其　他	50 000	
欧洲黑莓		37.3
豆　荚		24.6
澳洲坚果		24.7
油　桃		33.0
桃		147.6
油菜籽		1.6
番　瓜		155.8
草　莓		144.3
总　计	2 035 000	3 160.7

表 9-2 2006—2008 年中国 36 种主要授粉农作物
蜜蜂授粉的经济价值

类　别	农作物名称	农作物年均产值 (万美元)	农作物蜜蜂授粉依存度	蜜蜂授粉的经济价值 (万美元)
水果坚果	苹　果	830.37	0.76	631.08
	杏	1.88	0.42	0.79
	梨	368.49	0.98	361.12
	葡　萄	305.71	0.05	15.29
	柑　橘	185.34	0.34	63.02
	橙	40.61	0.34	13.81
	柚	11.41	0.34	3.88
	其他柑橘	72.20	0.34	24.55
	桃	200.63	0.49	98.31
	荔　枝 *	80.00	0.97	77.60
	龙　眼 *	100.00	0.81	81.00
	柿　子	97.25	0.26	25.29
	李	87.96	0.30	26.39
	樱　桃	5.17	0.75	3.88
	猕猴桃 *	20.00	0.34	6.80
	草　莓	60.00	0.33	19.80
	西　瓜	455.34	0.49	44.02
	甜瓜类	89.84	0.49	44.02
	板　栗	77.32	0.20	15.46
	核　桃	39.50	0.20	7.90
蔬菜	黄　瓜	192.86	0.35	67.50
	茄　子	157.49	0.40	63.00
	辣　椒	106.18	0.70	74.33

续表 9-2

类别	农作物名称	农作物年均产值（万美元）	农作物蜜蜂授粉依存度	蜜蜂授粉的经济价值（万美元）
蔬菜	番 茄	270.51	0.66	178.54
	南 瓜	42.59	0.67	28.54
	豆 角	29.69	0.10	2.97
	豌 豆	37.43	0.10	3.74
粮棉油	水 稻	3 074.57	0.04	122.98
	荞 麦	4.13	0.41	1.69
	大 豆	325.75	0.10	32.58
	油 菜	216.87	0.76	164.82
	向日葵	21.56	0.39	8.41
	芝 麻	22.08	0.39	8.61
	油 茶**	81.25	0.58	47.13
	棉 花	1 065.96	0.43	458.36

注：* 估计值；**2009 年产值（摘自《蜜蜂产业经济研究》）

三、蜜蜂授粉技术

蜜蜂授粉技术是提高作物产量和改善作物品质的一项重要农艺措施。

（一）大田作物授粉技术

1. 避免开花期喷洒农药　授粉前，需要对授粉作物和环境进行全面检查，调查作物防治病虫害时，是否选择无公害或生物农药或残效期短、残留量较低的化学农药，确保蜜蜂进场后对蜜蜂无毒或低毒，确保蜜蜂安全。

2. 保持一定数量授粉树 利用蜜蜂为果树或经济作物授粉时，尤其是为雌雄异株果树授粉时，要注意保持留有一定数量的授粉树，不进行去雄处理，果树也要在花期前进行适时的修剪。

3. 授粉蜂群获得 一是租赁，二是购买，三是收捕野生蜜蜂或分蜂群或自养蜜蜂。利用意蜂授粉，可采用郎式标准蜂箱，也可制造专门的授粉用蜂箱，与郎式标准蜂箱的区别是箱内仅能放3～4张标准巢脾。利用中蜂授粉，可用蜂桶或蜂箱饲养。

4. 进场时间确定 根据不同作物选择合适蜂群进场时间，蜜粉丰富植物，如荔枝、龙眼、向日葵、荞麦、油菜等，提前2天将蜜蜂运到场；泌蜜量小的植物，如梨树，在开花达25%时将蜂群运到场地；紫花苜蓿，花开10%时可运进一半的授粉蜂群，7天后运进另一半；甜樱桃、杏和桃等花期相对较短的植物，应在初花期或开花前就将蜂群运到授粉场地，使蜂群提前适应场地。

5. 授粉蜂群配置 为大田作物授粉所需蜂群的数量取决于蜂群的群势、授粉作物的面积及分布、花的数量、花期及长势等。一般来说，花小、花多、长势好、面积小的作物需要更多的蜜蜂授粉。大田作物30公顷以上连片时，一个15足框的强群可承担的授粉面积为：长势良好的小花作物（如油菜、紫云英、荞麦、苕子、云芥、苜蓿、三叶草等）0.27～0.4公顷，果树类作物0.33～0.4公顷，瓜类作物0.33～0.4公顷，向日葵、棉花等大花作物 0.67～1.0 公顷。

6. 花期蜂群管理

（1）训练蜜蜂积极授粉　针对蜜蜂不爱采访某种作物的习性，或为了加强蜜蜂对某种授粉作物采集的专一性，在初花期至花末期，每天用浸泡过花瓣的糖浆饲喂蜂群。花香糖浆的制法：先在沸水中溶入相等重量的白糖，待糖浆冷却到 20～25℃时，倒入预先放有花瓣的容器里，密封浸渍 4 小时，然后进行饲喂，每群每次喂100～150 克。第一次饲喂宜在晚上进行，第二天早晨蜜蜂出巢前，再喂 1 次。以后每天早晨喂 1 次，也可以在糖浆中加入香精油喂蜂。

美国梅耶 D.F. 制备的蜜蜂授粉诱引剂，含有信息素等物质，在空中喷洒，可提高苹果、樱桃、梨和李的坐果率分别为 6%、15%、44% 和 88%。国外人工合成的吸引蜜蜂的臭腺物质已经商品化。

（2）脱粉、繁殖促进授粉　蜂群进入场地后，在采集的花蜜不够消耗时，应奖励饲喂，促进繁殖，花粉富余须及时脱粉（在花粉略有剩余时开始这项工作），蜜足取蜜，预防分蜂，防止农药毒害。

7. 授粉蜂群布局和配置　授粉蜂群运抵授粉场地后，应视具体的地理环境、授粉作物布局和气候条件，尤其是风向而布局和配置蜂群。一般 2 群为 1 组，每 16 组为 1 个群组，呈"口"字形或椭圆形摆放，这样既有利于充分利用场地，也有利于平常检查蜂群。摆放蜂箱时要求上风区低，下风区稍高，左右平衡。交尾群巢门宜朝西南；脱粉蜂群的巢门，除春天外，其他时间以朝北、朝东、朝东北为宜。巢门不要朝向灯光，还要注意季风风向。另外，应尽量设置一些标志物，以便蜜蜂初次出巢后能记住蜂箱的位置，及时回巢。

虽然蜜蜂飞行范围大，但其寻觅食物有其自身的特点。据中国农业科学院蜜蜂研究所罗术东等研究发现，蜜蜂飞行时并不是向四周均匀的扩散，而是与风向密切相关。一般而言，蜜蜂出巢采集时逆风飞行，这样有利于寻找蜜源，而且归巢时则顺风飞行，也有利于蜜蜂节省自身的体力。因此，如果授粉面积不大，可以将蜜蜂摆在授粉区的下风区，这样既能使作物授粉充分，也能增加蜂产品的产量。如果授粉作物面积比较大，则应将蜂群布置在地块的中央偏下风区，使蜜蜂从蜂箱飞到作物田的任何一部分，距离不超过500米，授粉蜂群以10～20群为1组，分散摆放，并使相邻组的蜜蜂采集范围相互重叠。

在早春，由于蜂群正处于增殖阶段，群势较弱，应适当减少承担的面积；如果作物分布较零星、分散，也应适当增加蜂群数。

中蜂耐寒力强。在早春和高纬度、深山区为果树授粉，利用中蜂授粉更为适宜。

8. 常见作物授粉期间蜂群管理技术

（1）秋油菜授粉期间蜂群管理技术要点　南方油菜籽在1～2月开始开花，而北方的秋油菜则在3月底左右开花，这时天气还比较寒冷，外界的野生授粉昆虫少，主要靠蜜蜂授粉，增强蜂群蜂势，注意奖励饲喂和保温，促使蜂群尽快养成强群。这时蜂王产卵力增强，3～4 天能产满 1 个巢脾，产满 1 脾后再加优质空脾。空脾先加在靠巢门第二脾位置，让工蜂清理，经过 1 天后再调整到蜂巢中心位置，供蜂王产卵。将蛹脾从蜂巢中心向外侧调整，正出房的蛹脾向中心调整，待新蜂出房后供蜂王产卵。蜂群发展到满箱时以强补弱，弱群很快就壮大。油菜花盛期到来前 10 天左右进行人工育王，培育一批新蜂王作分蜂和更替老蜂王。为避免粉压子圈并提高蜜蜂授粉积极性，可在晴天上午 9～12 时进行脱粉。

北方的春油菜一般在 6～7 月份开花。场地要选择有明显标记的地方，以利于蜜蜂回巢。转地进场时间要在盛花期前 4～5 天，如前后两个需要授粉的油菜开花期相差只有几天，为了及时进入下一场地的盛花期，就要提前退出上一场地的末花期，这样才有利于油菜籽的增产。如前后两个场地油菜开花期相隔时间长，可以先采别的蜜源后再进入油菜授粉场地。通常油菜开花都比较集中，为了便于蜜蜂授粉，最好将蜂群摆放在油菜地中的地边田埂上或较高的地方，以防雨天积水。

（2）向日葵授粉期间蜂群管理技术要点 向日葵是一年中比较晚的蜜源，一些养蜂场采过向日葵后就准备越冬，这时蜂群极易发生秋衰，蜂群进场地后要搞好繁殖工作，如淘汰产卵差的蜂王，补充后备蜂王。在盛花期防止蜜粉压子圈，要及时取蜜和脱粉。对后备蜂群适时抓紧繁殖，对群势弱的进行合并，以提高繁殖力，根据蜂螨寄生情况防治，将危害控制在最低。在向日葵开花期蜜蜂的盗性特别强，有时从开始到结束始终互盗不息，要注意预防，不要随便打开蜂箱；开箱检查蜂群或取蜜、生产王浆等工作，尽量结合一次完成；动作要快要轻，最好在早晨蜜蜂尚未大量出巢前结束工作。检查蜂群覆布不宜完全揭开，要部分检查部分揭开。缩小巢门，抽出多余的巢脾，缩小蜂路，有利于蜜蜂护巢。向日葵花期伤蜂严重，尽早退出场地，到有粉源的地方去繁殖一批越冬蜂。

（3）柑橘授粉期间蜂群管理技术要点　柑橘为多年生木本植物，单性结实。柑橘花经常有蕾蛆危害，果农常喷农药防治，导致蜜蜂常中毒死亡。所以，蜂群要等喷完药4～5天后再进场地。蜂群到场地时，应选择离树几十米以外的地方安置蜂群，不要置于果园中的树下，避免农药毒害。要随时了解施药情况，以便提前采取防范措施。若在盛花期遇到喷药，应在当天早晨蜜蜂还未出巢门前关上巢门，当天晚上再打开巢门，这样可以减轻中毒。若在末花期喷药，应及时转地到下一个授粉场地。

（4）枣树授粉期间蜂群管理技术要点　枣树开花期是5月下旬至6月下旬，花期长达30多天，场地要选择枣树多而集中和附近有辅助蜜源的地方，枣花开花期间气候干燥，工蜂常常发生卷翅病，在枣花地放蜂，应注意洒水、灌水脾降温和调节蜂箱内的温度，以预防卷翅病。有灌溉条件的地方更为理想。蜂群进场地后，选择有荫蔽的地方安放蜂箱，并抓紧组织授粉群，无遮阳条件的用蒿秆遮盖蜂箱，不要在阳光下暴晒，防止发生分蜂热。

（5）紫云英、苕子授粉期间蜂群管理技术要点　这两种作物最佳收割时期是盛花期，蜜蜂授粉只是留种的部分。天气干旱时，紫云英和苕子容易发生蚜虫危害，农户经常喷药防治。因此在喷药当天早晨蜜蜂出巢前应将巢门关上，傍晚开启巢门放蜂，这样可以减少中毒损失，天气晴朗花朵吐粉多，每天上午9时后装上脱粉器生产花粉3～4小时，以防粉压子脾。在油菜花期没有治螨的，应进行治螨。

（6）荔枝、龙眼授粉期间蜂群管理技术要点　荔枝、龙眼流蜜量大、粉少，所以蜂场应选邻近有辅助蜜粉源植物的地方。蜂群进入场地时，蜂箱应放在树荫下防止太阳暴晒，并抓紧组织授粉群。在盛花期大流蜜时，天气晴朗进蜜快，应及时取蜜，以便扩大子圈。取蜜时应彻底割除雄蜂蛹，以防螨害，如发现脾上有小蜂螨，摇蜜后的空脾应用硫黄进行熏蒸，以根除小蜂螨。

（7）西瓜授粉期间蜂群管理技术要点　西瓜花期很长，从4～9月份，主要是5～7月份。西瓜粉多蜜少，花粉在上午9时前容易采集，过后多分散。西瓜花期蜂群进入场地，应选择遮阳的地方放置蜂箱，不能在阳光下暴晒。此期要抓紧治螨，发现其他的病害应及时用药治疗，防止传播。

（8）棉花授粉期间蜂群管理技术要点　棉花的花期

较长，可长达 40～50 天。场地应选择栽培多而集中、沙质土壤、花期温度高、雨水少的新棉区，因新棉区病虫害少、喷药少。棉花的花粉不少，但因黏性小，蜜蜂难以利用。所以，场地要选择邻近有同期开花的辅助蜜粉源植物。为防止棉铃虫和红蜘蛛等害虫，棉农会经常喷药，为预防蜜蜂中毒，要准备阿托品等解毒物品。如遇到喷药，可用解毒药物配制糖浆，晚上饲喂蜂群，以减轻损失。棉花开花期气候炎热，蜂群进场后要选择有遮阳的地方放置蜂箱，不能让蜂箱暴晒。蜜蜂幼虫病容易发生和传播，注意防治。

（二）温室作物授粉技术

1. 蜂群获得 授粉蜂群可以通过购买或租赁等方式来获得，由于温室内的空间和蜜粉源植物有限，以使用授粉专用箱为宜。如果利用蜜蜂为制种作物授粉，蜂群进入温室或网棚授粉前 2～3 天不应采集其他植物花粉，尤其是种类相同或相近作物，避免杂交。

2. 蜂群配置 授粉作物种类不同效果也不同，一般面积 500 米² 的温室配置 2～3 足框蜜蜂。温室果树授粉，应增加 1 倍蜂量。群势控制在 2 足框以上，保持蜂多于脾或者蜂脾相称。棚内授粉主要靠幼蜂。

3. 蜂群放置 选择干燥的位置，将蜂群放在用砖头或木材搭起的高度为 30 厘米左右的架子上。在网棚或温室内，蜂群可以放在靠近作物、蜂路开阔、标志物明显且温度不太高的地方，也可以摆在室外，巢门通向室内。

根据网棚或温室的走向（东西或南北）、形状（方的还是长的），如果用1群蜂授粉，对于方形或长形的南北走向的网棚或温室，蜂群宜放在作物田中间的位置或中部靠西侧，巢门略向东为好；对于东西走向的温室或网棚，蜂群宜放在距西壁1/5处北侧壁，巢门向东为宜。如果用2群或2群以上蜜蜂，则将蜂群分散置于网棚或温室中。同时要避开热源，如火炉等。

4. 进场时间　大棚或温室种植的果树，花期短，开花期较集中。因此，应在开花前5天将蜂群搬进温室，让蜜蜂试飞、排泄、适应环境，并补喂花粉，奖饲糖浆，刺激蜂王很快产卵，待果树开花时，蜂群已进入积极授粉状态。若为蔬菜授粉，初花期花量少，开花速度也慢，花期延续时间长，授粉期长，因此，等到开花时，再将蜂群搬进温室就可以保证授粉效果。蜂群搬进温室的时间最好选择傍晚，阴天更好，可减少蜜蜂损失。

5. 授粉期间蜂群管理技术要点

（1）适时入室　及时将蜂群运到棚室或温室中进行授粉。具体进棚时间，以在果树或蔬菜刚开花时或有10%开花时为宜，傍晚将蜂群送入网棚或温室内。

（2）诱导授粉　让蜜蜂适应环境，并诱导其采集需要授粉的作物。蜂群摆放好以后，不要急于打开巢门，待静置2小时或者更长时间以后，微开巢门，留出每次刚好能挤出一只蜜蜂的小缝，也可以用少许青草或植物的叶子封堵巢门，让蜜蜂重新认巢。由于温室内花朵少、浓度淡，应给蜜蜂饲喂含有授粉植物花香的诱导剂糖浆，首次饲喂最好在晚上进行，第二天早晨蜜蜂出巢前再饲喂 1 次，以后每日清晨饲喂，每群每次喂 100～150 克。诱导剂糖浆制作方法：先用沸水溶化同等重量的白砂糖，糖浆冷却至 20～25℃时，倒入预先盛有需要授粉植物花朵的容器内，密封浸渍 4～5 小时后，即可饲喂。

（3）**保温防潮、防暑降温** 温室内夜晚温度较低，白天中午温度过高。因此，在夜间应加强蜂箱的保温措施，在白天必须保持蜂群良好的通风状态，防止闷热。由于温室内湿度较大，经常更换保温物或放置木炭，保持箱内干燥。

（4）**喂水** 由于温室内缺乏清洁的水源，蜜蜂放进温室后必须喂水。网棚或温室内要有供水装置，以便蜜蜂采水，或者在蜂箱中喂水。箱外喂水的方法有两种：一是采用巢门喂水器饲喂；二是在棚内固定位置放 1 个浅盘，每隔 2 天换 1 次新鲜水，水面上可以放一些漂浮物或树枝，防止蜜蜂溺水死亡。

（5）**喂蜜喂粉维持群势** 温室内的作物一般流蜜不好，尽管是泌蜜较好的作物，也因面积小、花量少，不能满足蜂群的正常的生活和生长需要，同时由于温室环境恶劣，蜜蜂的饲粮消耗量很大，要长期维持蜂群的授粉能力，就必须喂蜜粉，尤其是在为蜜腺不发达的黄瓜、草莓授粉时更应该饲喂。蜜水或糖水一般采用 1∶1 的比例，每 2 天喂 1 次。

（6）**多余巢脾妥善保管** 温室内湿度大，容易使蜂具发生霉变引发病虫害，所以蜂箱内多余的巢脾应移至温室外妥善保存。

（7）**防止蜂王飞逃**　温室环境恶劣，如果管理措施不到位，有时会出现蜂群飞逃现象，尤其应用中蜂授粉时更易发生。剪掉蜂王翅膀2/3，可防止蜂群飞逃。

（8）**缩小巢门、严防鼠害**　冬季老鼠在外界找不到食物，很容易钻到温室生活繁殖。老鼠对蜂群危害很大，如咬巢脾，吃蜜蜂，扰乱蜂群秩序。蜂群入室后应缩小巢门，只能让2只蜜蜂同时进出，防止老鼠从巢门钻入蜂群。同时，应采取放鼠夹、堵鼠洞、投放毒鼠药等有效措施消灭老鼠。

（9）**适时出室**　3月初天气晴暖时，温室内温度比较高，蜂群不宜留在棚内，可移至室外，蜂箱巢门朝向温室，这样可保证蜂群安全，又可完成授粉任务。

参考文献

［1］中国农业百科全书编辑部. 中国农业百科全书·养蜂卷［M］. 北京：中国农业出版社，1993.

［2］吴本熙. 养蜂手册［M］. 北京：中国农业出版社，2005.

［3］方兵兵. 图说高效养蜂关键技术［M］. 北京：金盾出版社，2010.

［4］周冰峰. 现代高效蜜蜂养殖实战方案［M］. 北京：金盾出版社，2015.

［5］张中印. 实用养蜂新技术［M］. 北京：化学工业出版社，2011.

［6］黄文诚. 养蜂技术［M］. 北京：金盾出版社，2005.

［7］梁勤. 蜜蜂病害与敌害防治［M］. 北京：金盾出版社，2006.

［8］国家蜂产业技术体系. 中国现代农业产业可持续发展战略研究蜂业分册［M］. 北京：中国农业出版社，2016.

［9］Tautz. 蜜蜂的神奇世界［M］. 苏松坤，译. 北

京：科学出版社，2008.

[10] 刘朋飞. 中国蜂业产业发展报告 2014 [M]. 北京：中国农业科学技术出版社，2015.

[11] 李海燕. 中国产业经济研究 [M]. 北京：中国农业科学技术出版社，2013.